하루 10분

하브루타
엄마표 영어

질문과 대화로 생각하는 힘을 길러주는 창의적인 영어 교육법

하루 10분

하브루타
엄마표 영어

장소미 지음

서사원

영어 실력보다 중요한
'생각하는 힘'

얼마 전 오랜만에 인천공항에 갔다가 충격적이면서도 당황스러운 느낌이 들었다. 짐을 부치러 카운터에 갔는데, 항공사 카운터 한 구역이 모두 기계로만 운영되고 있었기 때문이다. 기계 사용에 어려움을 느끼는 고객들을 도와주는 관리자 단 한 명을 제외하고는 모두가 빈자리였다.

생각해보면 굳이 여러 사람이 그곳에 있어야 할 이유가 없었다. 약 10년 전 내가 대학을 졸업할 때쯤, 여학생들에게 인기가 있었던 직종 중 하나가 바로 그 빈자리에 앉아 있던 항공사 지상직이었다.

항공사 지상직 자리를 얻기 위해서는 관련 자격증도 필요했고, 이를 따로 준비시켜주는 학원까지 성행할 정도였다. 4차 산업혁명이라는 말이 언론이나 책에서만 존재하는 이야기가 아니라, 내가 속한 사회의 실제적인 변화라는 것이 피부로 확 느껴졌다. 그 자리에 함께 있던 남편은 월급쟁이인 자신의 자리도 불안하다며 금세 같이 시무룩해졌다.

이렇듯 세상은 계속 빠르게 변화하고 진화하는데, 우리 아이들이 공부하는 방법과 환경은 여전히 변화가 거의 없다. 지금 아이들이 학교에서 학원에서 배우는 지식이 그들의 삶을 평생 지켜줄 강력한 무기가 될 수 있을까. 앞으로 살아가는 데 꼭 필요한 진짜 공부를 하는 것일까. 정말 이대로 괜찮을까.

나는 공부를 뛰어나게 잘한 적은 없었지만, 선생님 말씀 잘 듣고 열심히 공부하는 성실한 모범생으로 살아왔다. 서울권에 있는 대학교를 졸업하고, 전문 자격증을 따거나 대기업에 들어가는 것을 정답처럼 생각하며 살아왔다. 물론 지금 이 길을 걷는 사람들이 잘못되었다는 것은 아니다. 하지만 내가 원하는 길이 아니었다는 것을 뒤늦게 알았다.

대학교를 졸업한 후 프랑스의 대학원에서 공부도 하고 현지 취업의 기회도 얻었지만, 전혀 행복하지도 않았고 오래 버텨낼 수 없을 거라는 것도 알게 되었다. 도대체 어디서부터 잘못된 걸까. 내가 내린 결론은 난 스스로 생각하는 힘이 없는 사람이었다는 것이었다. 다수의 사람들이 말하는 일반적인 생각대로 묻혀 살아가고 사회가 정해놓은 기준이 곧 나의 목표였다.

하지만 그저 노력하며 열심히 살아간다고 해서 내가 원하는 방향의 삶이 주어지는 것이 아니라는 것을 깨달았다. 그리고 생각보다 많은 사람이 자신이 원하는 삶의 방향에 대해 생각하지 않고 쳇바퀴처럼 돌아가는 삶을 버티거나 견디면서 살아간다는 것도 알게 되었다.

우리의 교육도 마찬가지다. 누군가 가르쳐주는 그대로 받아들이고 외워서 시험을 보고 잊어버림을 반복하고 있다. 이렇게 아이들은 스스로 생각하는 힘을 점점 잃어버린다.

어휘는 사고의 체계를 형성한다고 한다. '본질'이라는 말을 떠올리는 것만으로도 본질에 조금 더 가까이 다가서게 된다는 것이다. 그렇다면 영어교육의 본질은 무엇일까. 영어로 내 생각을 표현할 수 있는 능력을 키워가는 것이다. 그리고 더 중요한 것은 영어라는 언어를 배우는 그 과정에서도 생각하는 힘을 키워나가는 것이다. 영어보다 중요한 것은 바로 생각하는 힘이다.

생각하는 힘을 길러주는 '하브루타' 교육법

내가 겪은 시행착오나 어려움을 내 자식에게 겪게 해주고 싶지 않은 것이 바로 부모의 마음이 아닐까. 사실 나는 한동안 스스로 자책했던 적도 있었다. 왜 나는 남들의 기준에 맞추어서 살려고만 했을까. 나는 왜 내가 창의적인 생산자가 될 수 있다고 생각조차 하지 못했을까. 내가 10대 때 다르게 생각하는 힘을 기르고 20대 때 다르게 행동하는 용기를 가졌더라면 지금의 나는 어땠을까.

하지만 이런 부정적인 생각들을 긍정적인 관점으로 바꾸어보았다. 내가 직접 느꼈기에 도리어 내가 도움이 될 수 있다는 희망의 빛이 보였다. 20년 전으로 돌아가 다시 학생이 된다면 내가 어떤 공부를 할까. 또한 10년 그리고 20년 후에 정말 필요한 지식과 태도를 길러야 한다면, 지금 우리 아이들은 어떤 공부를 해야 할까.

이러한 고민과 생각의 과정에서 자연스럽게 EBS 다큐멘터리 〈유대인의 비밀〉을 통해 하브루타를 처음 접했다. 이후 책과 강의로 공부하면서 하브루타에 대해 좀 더 자세히 알게 되었다.

하브루타란 두 명이 짝을 지어 질문, 대화, 토론, 논쟁하며 진리를 찾아가는 유대인의 교육 방법이다. 다시 말해 무언가를 읽고 듣고 받아들이고 외우는 과정에서 그치지 않는다. 한 걸음 더 나아가 질문하고 의심하고 다른 방향으로 생각해보면서 생각하는 힘을 키워가는 교육법이다.

하브루타 열풍이 불면서 알맹이가 아닌 껍데기만 겨우 베껴온 것이 아닌가 하는 우려가 터져 나오고 있다. 물론 유대인의 오랜 전통과 의식을 그대로 들여오는 것은 어렵다. 하지만 우리에게 필요한 부분을 활용해 가면서 우리만의 문화와 교육법으로 만들어 갈 수 있길 바란다.

'영어 하브루타'를 통해 생각하는 힘 기르기

대한민국의 엄마라면 우리 아이 영어교육을 위해 한 번쯤 고민해보았을 것이다. 몇 살 때부터 영어를 시작해야 하는지, 어떤 영어학원을 보내야 하는지, 엄마표 영어를 어떤 교재로 시작해볼 수 있을까. 이러한 방법론적인 부분들도 중요하지만, 그에 앞서 왜 영어 공부를 해야 하는지에 대해 생각해보았으면 한다.

만일 영어 공부는 당연히 해야만 하는 것으로 단순하게 생각한다면, 영어 공부는 왜 당연히 해야 할까?에 대해 조금 더 깊이 고민해보자.

영어 하브루타는 '우리가 영어 공부를 왜 해야 할까?'라는 질문에서 출발한다. 그리고 영어를 배워가는 과정에서 질문을 던지고 자신만의 답을 생각하고 표현하는 훈련을 한다. 생각하는 힘을 길러가는 과정에서 영어를 배우고, 영어를 배워가는 과정에서 자연스럽게 생각하는 힘을 길러가는 것이 영어 하브루타의 목적이다.

처음부터 끝까지 영어로 하지 않아도 좋다. 현재 영어 수준에서 가능한 범위로 쉽게 시작해본다. 영어를 함께 읽어보고 한국어로 대화를 나누어도 좋다. 시간이 지나 영어 실력이 좀 더 쌓이면 영어로 도전해보는 날이 올 것이다.

영어 하브루타를 하는 동안 부모님과 아이는 자연스럽게 대화하고 생각을 나누는 교감의 시간을 갖는다. 사실 영어라는 언어를 빠르게 습득하는 것은 영어교육 전문기관에서 대신해줄 수 있다. 하지만 아이와 단어 하나에 대해서라도 생각을 나누면서 우리 아이에 대해 속속들이 알아가는 기쁨을 느끼는 것은 부모만이 누릴 수 있는 특권이다.

어린 시절 돼지고기에 빵가루를 톡톡 묻혀 엄마와 돈가스를 함께 만들었던 기억이 있다. 그래서인지 돈가스는 집에서만 만들어 먹는 귀한 음식이라고 생각한 적이 있었다. 아직도 맛있는 돈가스를 볼 때마다 엄마와의 행복한 추억이 떠오른다. 시간이 지나 엄마표 돈가스보다 맛도 서비스도 훌륭한 식당에서 돈가스를 많이 먹었음에도 말이다.

비록 엄마의 영어가 출중하지 않더라도 시간을 쪼개서라도 영어를 함께 공부하면서 질문을 만들어 보고 생각을 나누어볼 수 있다. 영어를 공부하며 스스로 생각하는 습관이 자연스럽게 몸에 익숙해지면서 부모님과 함께하는 시간 그 자체가 아이에게는 행복한 영어 공부의 추억이 될 것이다.

생각하는 힘을 길러주기 위한 하브루타 엄마표 영어 책을 쓰게 된 또 다른 현실적인 이유가 있다. 영어 교육기관에서 일하면서 매번 놀라게 되는 것은 바로 교육비다. 제법 알려진 영어 교육기관에 자녀를 보낸다면 평균적으로 월 40만 원이 훌쩍 넘는 학원비를 내게 된다. 물론 기관들도 교육비에 걸맞은 교육 서비스를 제공하기 위해 노력한다. 또한 기관을 운영하기 위해 드는 비용을 생각한다면 교육비가 터무니없는 금액은 아닐 수 있다.

하지만 백만 원이 훌쩍 넘는 값비싼 영어 교육기관조차 서비스해주기 어려운 것이 있다면 바로 부모만큼의 관심과 사랑이 아닐까 한다. 영어를 지혜롭게 공부하는 방법을 우리 아이에게 직접 가르쳐주고 싶은 부모님들에게 도움이 되길 바라는 마음이다.

프롤로그

PART 1

생각하는 힘을 길러주는 엄마표 영어교육

PART 2
하루 10분 하브루타 엄마표 영어 공부법

PART 3
하루 10분 하브루타 엄마표 영어 실천법

일러두기

본문에 등장하는 아이들의 이름은 모두 가명임을 밝힙니다.

Part 1
생각하는 힘을 길러주는
엄마표 영어교육

왜, 우리 아이는
영어를 싫어하게 되었을까?

풍요 속 빈곤, 영어교육의 세계

요즘 서점에 가서 시중에 나와 있는 영어 교재나 교구를 보면 눈이 휘둥그레진다. 영어학원들도 넘쳐나다 보니 다양한 커리큘럼과 원어민 선생님과의 특별 체험 수업까지 받을 수 있다. 게다가 통신사와 연계한 영어방송, 유튜브 그리고 점점 업그레이드되는 EBS 교육방송에 여러 가지 영어학습용 애플리케이션까지 있다. 그야말로 영어 학습 기회의 천국에서 살고 있다. 그런데도 오히려 영어를 싫어하고 거부하는 아이들이 늘어나고 있다는 기이한 현상이 일어나고 있다. 왜 그럴까.

초등학생인 현우는 영어학원에 가는 것이 괴롭다. 현우는 평소에 밝고 장난기도 많은 아이지만 영어 수업이 시작되면 다른 세계로 빠진다. 함께 영어책을 읽으면 입만 뻐끔 움직일 뿐 눈동자는 힘이 풀려 멍하고 머리는 진공 상태다. 문제를 풀어야 할 시간에 해석하기 힘든 이상한 모양의 그림을 그린다. 선생님이 옆에 바짝 붙어 지켜보아야 느릿느릿 거북이처럼 한 글자씩 겨우 손을 떼기 시작한다. 아이도 힘들고 이런 아이를 데리고 수업을 해야 하는 선생님도 진이 빠진다. 부모님도 어렴풋이 알고는 있지만, 뭐라도 배우고 오겠지 하는 마음으로 학원에 보낸다.

어느 날 현우가 갑자기 어디에 홀린 듯한 무서운 눈으로 이야기했다. "영어 단어는 괴물이에요. 저를 잡아먹는 괴물이라고요." 현우를 맡은 원어민 선생님도 현우가 뾰족하게 깎은 연필로 갑자기 시험지를 뚫으면서 울부짖어 깜짝 놀라 잠시 교실 밖으로 내보내야 했다며, 아이가 무섭다고까지 이야기하셨다.

이제 막 중학교 2학년이 된 자영이는 최근 표정이 급격히 어두워졌다. 초등학생처럼 오목조목 귀여운 얼굴을 가진 자영이는 원래 손을 들고 적극적으로 참여하던 학생이었다. 게다가 단어시험도 항상 만점을 받았고, 숙제도 깔끔하게 잘 해와서 걱정할 게 없는 예쁜 아이였다.

하지만 어느 날부터인가 표정이 일그러져 있어 걱정되는 마음이 들었다. 요즘 힘든 일이 있냐고 물어보니 아이는 대답했다. "이렇게 열심히 공부만 해야 한다는 게 숨이 막혀요. 이제 로봇이 다 번역한다는데 왜 굳이 영어를 배워요?"

영어 공부의 수단이 아닌 목적이 된 시험

영어를 공부하는 외부적인 환경은 많이 좋아졌다. 아이들의 전반적인 영어 실력도 많이 향상되었다. 하지만 그런데도 여전히 많은 아이에게 영어를 공부하는 목적이 오직 엄마 아니면 시험이다. 단어시험, 레벨 테스트, 교과서 암기시험, 학교 내신시험, 수행평가, 수능, 면접, 토익, 토플 등 시험을 위해 끝없이 공부한다.

어린아이들부터 어른까지 외우고 시험 보고 잊어버리고, 이 과정을 끊임없이 반복하게 된다. 영어를 언어로써 좋아했던 나조차도 취업을 위해 토익 시험공부를 하고 대학원 입학을 위해 아이엘츠(IELTS) 공부를 할 때 힘에 부쳤다. 공부하는 내내 몇 점 이상을 꼭 받아야 한다는 압박감이 머릿속에 맴돌았다.

이때의 영어는 나에게 더 이상 언어가 아니라 싸움에서 이겨내야 할 전투의 대상이었다. 마치 초등학생 현우에게 영어 단어가 괴물인 것처럼 말이다.

물론 시험이 부정적인 의미만을 갖는 것은 아니다. 시험을 없애야 아이들이 자유롭고 행복해진다고 말할 수는 없다. 시험이라는 관문을 통과하기 위해 공부하는 과정에서 배우는 것들이 있기 때문이다. 공부하는 학습 내용 외에도 계획을 세우는 법, 인내하는 법, 요약하는 법, 자기만의 습관을 만드는 법 등을 자연스럽게 익힌다. 또한 시험이 동기부여가 되어 우리가 배우고 알아가야 할 것들을 공부하며 성장해 나갈 수 있다.

하지만 여기서 부모님과 선생님의 생각이 중요하다. 영어시험 점수만 보고 칭찬하고 또는 꾸짖는다면, 아이는 자연스럽게 눈앞에 보이는 시험 결과에만 신경을 곤두세우게 된다. 하지만 진정한 영어교육의 시작은 아이가 영어에 대한 긍정적인 생각을 하도록 하는 것이다.

어느 날 수업이 끝나고 복도를 지나가는데 뒤에서 누가 나를 확 붙잡았다. 놀라서 보니 중학교 1학년 여학생 시현이었다. 시현이가 갑자기 눈물을 글썽이면서 "선생님, 제발 저 단어시험 점수 좀 고쳐주시면 안 돼요? 저 단어시험 통과 못 하면 엄마한테 진짜 혼나요. 제가 단어 100번씩 다 써올게요. 제발 통과라고만 해주세요."

너무 당황해서 아무 말도 못 하고 있었는데, 아이가 갑자기 무릎을 꿇었다. 다른 학생들이 모두 지나가는 복도에서 교복 치마를 입고 무릎을 꿇고 손으로 비는 아이를 얼른 일으켜 세웠다. 평소에 성실한 학생인데, 단어 점수 한 번에 이렇게 아이가 크게 스트레스를 받으면 안 되는데 하는 안타까운 생각이 들었다.

한번은 어떤 학부모님이 말씀하셨다. "선생님, 우리 아이는요, 잔소리하지 않거나 혼내지 않으면 절대 안 하는 아이예요. 많이 혼내고 꾸짖어주세요." 어머님 말씀에 의하면, 아이는 공부에 욕심이 없어 경쟁심도 없고 만사태평한 아이처럼 보였다.

하지만 아이와 자세히 이야기를 나누어보니, 오히려 반대였다. 아이는 영어를 잘하고 싶은데, 열심히 해도 안 될 것 같다며 고개를 내저었다. 그럴 바에는 그냥 포기해버리면 부모님도 더는 기대하지 않을 거고, 그게 차라리 낫지 않냐며 이야기했다.

사소한 노력에도 칭찬과 격려하기

부모님들은 자식을 너무나도 사랑하기 때문에 그 무엇보다 소중하기에 혼내고 잔소리를 하게 된다. 하지만 지금 당장 더 잘하게 하고 싶은 부모님의 욕심 때문에 오히려 아이가 영어를 재미없거나 무섭게 여기다가 마침내 싫어하게 되는 경우가 많다. 조바심이 날수록 우리 아이의 인생을 좀 더 멀리 바라보자. 누구나 무언가를 잘 하면 그것이 좋아지는 법이다.

더 정확히 말하면, 내가 무언가를 잘 한다고 느끼면 그것이 좋아진다. 아이가 영어를 스스로 잘 한다고 느끼면 영어가 좋아진다는 것이다. 시험 점수를 잣대로 놓고 평가하면 주눅 드는 아이도, 선생님의 칭찬, 부모님의 작은 격려 한마디에 힘을 얻는다. 아이를 칭찬할 때도 기준이 모두 다르다.

어떤 아이는 숙제를 끝내온 것만으로도, 또 다른 아이는 수업시간에 손을 든 것만으로도 대단할 수 있다. 설사 틀린 답을 말하더라도 입을 뗐다는 것만으로도 크게 손뼉 쳐준다. 아무리 영어를 싫어한다는 아이도 자신의 노력에 대한 진심 어린 칭찬과 격려를 듣고 인상 쓰는 아이는 없었다.

아이가 영어를 싫어할수록 영어 점수와 관계없이 아주 자그마한 실천부터 칭찬해주자. 마음의 문을 열고 나면 우리 아이만의 목표를 만들어 주는 것이 좋다. "우와 오늘 단어장 숙제를 스스로 했구나. 정말 잘했다. 시험 통과는 못 했지만, 숙제하느라 고생했어. 다음에는 단어 3개만 더 맞아보는 걸 목표로 해보는 건 어떨까?" 하며 머리를 쓰다듬어 준다.

성적이 낮은 친구들 부모님의 마음은 비슷하다. 비싼 영어학원을 매달 보내놨더니 성적이 겨우 60점이라면 화가 난다. 하지만 아이도 애써 아닌 척하기도 하지만 자신감이 낮아지고 주눅이 든다. "이번 중간고사는 60점이었으니까, 기말고사 때 조금 더 성적을 올려보는 건 어떨까? 몇 점 정도가 좋겠어?"라고 묻는다. "10점 정도 올려보고 싶어요."라고 대답하면, "좋네, 그럼 10점 올리려면 어떻게 공부해볼 수 있을까? 엄마 아빠가 무엇을 도와주면 좋겠어?"라고 말하면 아이는 생각을 하기 시작한다. 자기가 스스로 세운 70점이라는 목표를 두고 그것을 이룰 방법을 스스로 고민하기 시작하는 것이다.

사실, 점수만 놓고 보았을 때는 70점이 높은 건 아닐 수 있다. 하지만 지금 당장 중요한 것은 아이가 포기하지 않고 노력하면서 향상되어가는 과정 속의 기쁨을 느끼게 해주는 것이다. 스스로 잘하고 있다고 느끼고, 잘 할 수 있을 거라는 희망을 놓지 않게 도와주고 지켜봐 주는 것이 부모님과 선생님의 역할이다.

모든 아이는 인정 받고 관심 받고 싶어 한다. 인정의 잣대를 100점이라는 혹은 90점이라는 똑같은 점수로만 두었을 때 아이들은 좌절한다. 영어가 싫어진다. 이 책을 찾아 읽을 정도의 부모님이라면 공감되지 않을 수도 있겠지만, 학원에서 보는 쪽지시험만으로 아이를 체벌하는 부모님들도 있다. 쪽지시험 100점을 못 맞는 날이면 날카로운 회초리를 들고 기다리는 엄마가 무서워 집에 가기 싫다고 울며불며 떼쓰는 초등학생 아이들이 여전히 많은 것이 현실이다.

물론 영어 점수의 중요성을 무시할 수 없다. 하지만 우리 아이가 잠시 영어를 싫어하거나 당장 성적이 높지 않다 하더라도 자신만의 페이스로 꾸준히 성장해 나갈 수 있도록 충분히 격려하고 아주 작은 노력부터 지켜봐 주고 칭찬해주도록 하자.

우리 아이 진학,
성적만 좋으면 될까?

진학의 핵심, 진로에 맞는 전공 찾기

진학의 의미가 무엇일까. 명문대를 가는 것일까. 아니면 나의 진로에 맞는 전공을 선택하는 것일까. 아마 모든 부모의 마음이라면 둘 다일 것이다. 그런데도 하나를 꼭 선택해야만 한다고 가정해보자. 세상의 변화에 대해 충분히 이해하는 사람이라면, 어렵겠지만 후자를 택할 것이다. 일단 명문대에 들어가서 전공을 바꾼다는 전략도 있겠지만, 결국 어떤 분야의 일을 할 것이냐의 문제가 진학의 핵심이다.

물론 성적이 높다는 것은 학교뿐 아니라 전공에 대한 선택의 기회가 있다는 뜻이다. 그러므로 성적의 중요성을 배제할 수는 없다. 하지만 학교에서 받은 성적만으로 자신이 원하는 분야의 전공을 결정하는 진학의 문제가 해결되는 것은 아니다.

중학교 2학년인 한솔이는 문제 풀 시간을 주기만 하면 엎드려 있는 학생이었다. 한솔이를 깨우려고 다가가면 이미 문제를 다 푼 상태였다. 문제를 푸는 속도도 빠르고 정답률도 높았다. 학교 시험도 항상 100점을 맞아서, 성적에 있어 특별히 걱정하지 않아도 되는 아이였다. 그래서인지 한솔이는 시험만 잘 보면 된다는 말을 자주 하곤 했다.

시간이 흘러 중학교 3학년이 된 한솔이를 맡게 된 선생님과 점심을 먹게 되었다. "한솔이가 외국어고등학교를 가고 싶다고 자기소개서를 써왔는데, 엉망진창이라 도저히 손을 못 대겠어요." 지원 동기는 성적이 좋으니 외고에 갔다가 서울대를 간 후 학교를 빛내겠다는 내용이었다. 자기소개서 방향을 잡아주기 위해 네가 어떤 분야에 관심이 있냐고 물었더니, "일단 학원에서 시키는 대로 잘하고 서울대 가면 그때 생각해보려고요."

나의 사촌 동생은 삼수생이다. 딱 들어도 이름을 알 만한 유명한 대학에 가야 한다고 했다. 어떤 과에 가서 무슨 공부를 하고 싶은지 물어보니, 그건 아직 모르겠다고 한다. 일단 좋은 대학교에 가는 게 제일 중요한 것이 아니냐고 했다. 마치 예전의 나를 보는 듯한 안타까운 마음에 나중에 무엇을 하고 싶은지부터 먼저 생각해보라고 이야기해주었다.

물론 공부에 욕심이 없고 뜻이 없는 학생보다는 낫지 않냐고 반문할 수 있다. 하지만 현명한 부모님들은 안다. 주어진 것만 열심히 공부해서 명문대에 진학하는 것으로 꽃길이 펼쳐지는 것이 아니라는 것을 말이다. 사회가 요구하는 기본적인 실력을 쌓기 위해 주어진 공부를 포기할 수 없지만, 그것만으로는 충분하지 않다는 것이다. 이제 진학이란 단순히 성적 높여서 명문대에 보내면 끝나는 게임이 아니라는 것을 알고 있고, 따라서 교육 방향에 대해 고민하게 되는 것이다.

느리게 그러나 변화하는 교육제도

4차 산업혁명에 대해 들어보았을 것이다. 자녀를 학교에 보내는 학부모님들과 교육 현장에 있는 대다수 사람은 이야기한다. 미래 교육은 창의성이 중요하다던데, 예나 지금이나 학교 교육은 변함이 없어 보인다. 여전히 빠르게 잘 외워서 오지선다형 시험을 보고 그 점수에 따라 대학에 가고 취업을 한다.

이와 같은 현실에 창의력에 관심이 있는 소수의 부모님 또한 아이의 학년이 올라갈수록 생각하는 힘보다 당장 보이는 점수만을 생각하게 된다. 하지만 언뜻 보면 변함이 없어 보이지만, 자세히 들여다보면 우리의 교육도 변화를 준비하고 있다. 다른 선진국들에 비교하면 속도가 느린 편이지만 입시제도와 교육제도를 개편해나가고 있다.

연이은 정치적인 이슈로 인해 공정성 강화를 위한 수능시험 제도의 중요성이 다시 커졌다. 하지만 미래 교육을 위해 궁극적으로 추구하고자 하는 방향은 자기소개서와 면접으로 선발하는 학생부 종합전형과 닿아 있다고 볼 수 있다. 학생부 종합전형 준비에 사교육의 입김이 거세어지면서 비판받고 있지만, 학생부 종합전형의 본질은 자기 주도적으로 생각하는 힘을 평가하는 것이다.

사회의 변화와 흐름을 단편적으로 해석하면 안 된다. 수능의 중요성이 커졌으니, 다시 정답을 잘 맞히는 아이의 교육에서 만족하게 되는 것은 위험하다. 거시적인 관점에서 우리 세상에서 필요로 하는 인재상에 대해 생각하고, 교육의 방향을 어떻게 이끌어주어야 할 건지 깊이 있게 생각해보아야 한다.

나만의 이야기를 만드는 힘을 기르기

기본적으로 영어 성적은 중요하고 평가요소로서 존재할 것이다. 하지만 점수 자체보다 중요한 것은 공부하는 과정에서 생각하는 힘을 길러 나만의 이야기를 만들어내는 것이다. 아이들의 생각까지도 고액과외 선생님이 만들어줄 거라는 것은 안일한 생각일 수 있다.

물론 유명 학원에서 입시를 담당하시는 선생님 대부분은 진학 정보도 많고 나름의 축적된 노하우도 있을 것이다. 하지만 최종 합격의 관문인 면접의 모든 문제를 완벽하게 예측할 수는 없다. 설사 예측한다 한들 미리 준비한 기계적인 답변 하나에 통과할 수 있다는 보장도 없다.

사람을 단번에 알아본다는 것은 어려운 일이지만 보통 어른들도 연륜이 생기면 어느 정도 사람을 보는 눈이 생긴다. 수천 명 많게는 수만 명의 학생을 상대하는 분들이 바로 교수님들과 입학사정관들이다. 이들은 면접장에서 몇 마디의 질문과 대답으로 학생의 지적 능력, 생각하는 능력과 태도를 매의 눈으로 날카롭게 평가한다.

　나는 고등학교 때 공부를 성실히 하는 학생이었지만, 노력 대비 성적이 잘 나오지 않았다. 수리영역은 거의 포기 수준이었고, 영어 성적은 그럭저럭 괜찮았지만 크게 뛰어나지도 않았다. 고등학교 3학년 첫 모의고사 성적을 보고 나서, 서울권 대학은 어렵다는 생각이 들었다. 다행히 수시라는 제도로 원하는 학교에 입학할 수 있었다.

　당시 오래된 고등학교처럼 허름했던 한국외국어대학교 한 강의실에서 면접이 진행되었다. 두 분의 교수님이 앉아계셨다. 간단한 영어 테스트로 프로이트의 정신분석학에 관한 영어 지문을 읽고 해석하는 것이 진행되었다. 수능 지문보다 더 쉽고 짧은 내용임에도 잔뜩 긴장해서 결국 다 읽지도 못했다. 입술이 바르르 떨리는 내가 안쓰러웠는지 그만 읽어도 좋다고 하셨다.

　계속해서 면접이 이어졌다. 한 교수님이 질문을 던졌다. "한국외국어대학교 불어과, 왜 지원했나요?" 중학교 때 영국에 살던 이모를 따라 프랑스에 잠시 놀러 갔던 이야기로 시작했다. 내가 좋아하는 것은 외국어를 배우는 것이고, 나의 꿈은 동시통역사가 되는 것이라고 했다. 그래서 영어 공부를 제일 열심히 했고 앞으로는 불어도 같이 공부해서 꿈을 키워나갈 것이라 대답했다.

　입학하고 나서야 알았지만, 합격자의 대부분이 외국에서 살다 오거나 이미 불어를 구사하는 학생들이었다. 그에 비교하면 나의 영어 실력은 턱없이 부족했고, 불어는 인사말 '봉주르'밖에 몰랐다. 나중에 면접관 교수님과 다시 만나게 되어 여쭈어보았다. "교수님, 저 합격할 거라 생각도 못 했어요. 그때 너무 떨려서 영어 지문도 제대로 읽지 못했잖아요." 그랬더니 교수님이 웃으면서 말씀하셨다. "영어는 기본 실력만 있으면 와서 공부하면 돼. 네 목표가 뚜렷해서 좋았어. 그냥 우리가 보는 느낌이 있어."

당시에는 이러한 면접 제도가 입시에 많은 비중을 차지하지는 않았다. 그래서 나처럼 막연한 꿈과 약간의 준비로도 가능했다. 하지만 지금은 많은 대학교가 자기소개서와 면접을 통해 직접 학생들은 선발하는 제도를 시행하면서, 기준이 훨씬 더 까다로워졌다. 단순히 점수만으로는 나를 담아내지 못한다. 나만의 이야기가 다른 친구도 받은 영어 점수 100점에서 그칠 것인가?

그래서 우리는 기본적인 영어 실력을 키워가면서 생각하는 습관을 더해줄 수 있는 교육 방법을 고민하는 것이다. 바로 그 생각하는 힘이 다른 사람들로부터 차별화된 나만의 이야기를 만들게하고 누군가를 설득하여 결국 내가 원하는 것을 이루게 해주기 때문이다.

우리 아이 영어 공부의
목적은 무엇인가?

왜 영어를 공부해야 할까?

세계적인 전략 커뮤니케이션 전문가 사이먼 사이넥(Simon Sineck)은 그의 베스트셀러 저서인 《나는 왜 이 일을 하는가》에서 생각의 흐름에 관해 이야기한다. 대부분 사람은 자신이 무엇(what)을 하는지 알고 있지만, 어떻게(how) 하는지에 대해서는 소수만이 관심을 가지며, 왜(why) 하는지는 극소수의 사람들만이 생각한다.

하지만 위대한 사람의 생각 방향은 왜(why)에서 출발한다는 것이다. 어느 영어학원이 좋을까? 어떤 영어 교재가 좋을까?라는 방법론을 고민하기 이전에 우리 아이가 영어를 왜 공부해야 할까? 우리 아이가 영어 공부를 통해 무엇을 얻었으면 하는지에 대해 잠시 생각해보자.

학생들에게 "영어 왜 공부하니?"라고 물어볼 때가 있다. 그럼 다

같이 약속이나 한 듯 한결같은 답변이 나온다. "왜긴요. 엄마가 시키니까 하죠." "학원 안 다니면 시험 못 볼까 봐요." 오히려 그런 뻔한 질문을 도대체 왜 하냐는 표정을 짓는다. 오랜만에 친구들을 만나 물어보아도 비슷한 대화가 오간다. "너는 왜 그 일을 선택한 거야?"라고 물으면 "왜긴, 먹고 살자고 하는 거지."

물론 먹고 살기 위해 일한다는 것, 다시 말해 생계를 위한 노동의 가치는 소중하다. 하지만 우리 부모들이라면 자녀가 단순히 먹고사는 것 이상의 의미로 자기 일을 가치 있게 꾸려가길 원할 것이다. 주어진 공부나 일에 목적을 갖는다는 것은 왜(why) 하는지에 대한 자신만의 이유가 있는 것이다.

재미 위주 영어의 한계

얼마 전부터 주민회관에서 탁구를 배우기 시작했다. 탁구장에 가면 동네 아주머니들이 많이 계셔서인지 자연스럽게 학습 상담으로 이어지는 경우가 많다.

"큰일 났어요. 우리 아이가 중학교 1학년인데 벌써 영어를 포기했어요. 초등학교 때는 영어가 재밌어서 혼자 책도 다 외우고 집에서 팝송도 부르고 했어요. 그런데 중학교 가더니 갑자기 재미없고 어려워서 못 하겠다네요. 내년부터 학교에서 시험도 보는데, 너무 불안해요."

영어는 언어이기에 의사소통의 도구로서 재미있게 배우는 것이 좋다. 모든 그렇지만 무언가 배울 때 '재미'를 느낀다는 것이 정말 중요하다. 특히 어린 아이들일수록 더욱 그렇다. 그래서 영어를 처음 시작하거나 초등학생 때는 많은 영어 교육기관에서 다양한 활동으로 재미있게 수업을 진행해야 한다.

이러한 맥락에서 영어로 진행하는 놀이학교들도 많다. 신체 활동이나 요리, 게임, 노래, 만화로 영어를 배우는 수업들도 있다. 하지만 학년이 점점 올라갈수록 재미보다는 학습 위주로 영어를 배우게 된다. 그러다 보니 갑자기 흥미를 잃거나 성적이 뚝 떨어지는 아이들이 많다.

'재미'라는 것이 학습에서 얼마나 중요한 부분인지를 알기에 늘 고민해왔다. '어떻게 하면 학년이 올라가도 영어 공부에 재미를 느끼게 할 수 있을까?' 수업시간에 아이들이 좋아할 만한 예문을 연구하기도 하고, 지문에 관련된 다양한 이야기를 조사해서 들려주기도 했다. 수업 방식에서도 협력하거나 경쟁하는 게임 방식으로도 진행해보았다. 또한 필요하면 나서서 노래도 부르고 춤도 추고 우스꽝스러운 연기도 했다.

물론 어느 정도 효과가 있었지만, 여전히 수업시간의 재미만으로는 부족했다. 학교나 학원 밖에서도 스스로 공부하는 것이 진짜 공부라고 생각했기 때문이다. '어떻게 하면 스스로 영어 공부의 필요성을 느끼게 할까?'라는 질문을 던졌다. 답을 찾기 위해 나의 경험을 먼저 떠올려보았다.

영어 공부하는 목적에 대해 생각해보기

내가 영어 공부를 가장 즐겁게 했던 이유는 스무 살의 시절을 생각해보니 뚜렷한 목적이 있었기 때문이었다. 지금 생각해보면 유치하지만, 드라마 속 여주인공처럼 영어를 유창하게 해야겠다는 것이 목표였다. '내 이름은 김삼순'이라는 TV 드라마에서 배우 정려원 씨가 나의 이상형인 다니엘 헤니 씨와 영어로 자연스럽게 이야기를 나누는 장면에 꽂혔다. 나도 저렇게 영어로 외국인과 유창하게 대화하고 싶다고 생각했었다. 그것이 바로 내 영어 공부의 목적이었다. 영어를 잘하면 다니엘 헤니 씨 같은 남자친구가 생길 거라는 착각 때문이었을지도 모른다.

뚜렷한 영어 공부의 목적이 생기기 시작하자 영어가 너무 재미있게 느껴졌다. 누가 시켜도 하지 못할 일들을 스스로 하기 시작했다. 새벽 6시에 일어나서 영어로 듣기공부를 시작했다. 처음에는 어린이들이 보는 영어 만화로 시작해서 나중에는 BBC 뉴스까지 듣고 이해하게 되었다. 학교를 오가는 길에 단어장을 들고 다니면서 단어와 표현들을 외웠다. 잘 외워지지 않는 단어들은 책상 앞에, 필통에, 소지품에 붙여놓고서 계속 들여다보았다. 수줍음이 많았던 내가 인터넷으로 외국인 친구들을 찾아 만나서 서울 관광을 시켜주기도 하고 부모님 집으로 초대해서 한국 음식을 만들어주면서 대화 연습을 했다.

학생들은 각자 관심사, 상황, 재능이 다르기에 영어 공부의 목적도 달라질 수 있다. 하지만 영어 공부도 '그냥' 해야 하기에 하는 것보다는 자신만의 목적과 이유에 대해 생각해보는 것은 분명 도움이 된다. 왜(why)로 생각하기에는 조금 낯선 초등학생들에게는 영어 공부를 하면 좋은 점에 대해 꼭 떠올리게 해본다. '패키지 여행은 지루하니까' '내가 만든 소시지를 수출하고 싶다.' 이와 같이 영어를 잘하는 자신의 모습을 상상하면서 자연스럽게 영어를 공부하는 목적에 대해 생각하게끔 해주려는 것이다.

한편 중·고등학생들에게는 더욱 현실적인 답변이 나온다. '영어 잘해야 좋은 대학에 가니까.' 물론 그 자체도 공부의 목적이 되지만, 조금 더 영어에 대한 시야를 넓혀주기 위해 다양한 이야기를 해준다. 영어를 열심히 하면, 대학교에 가서 교환학생으로 공부할 기회가 있다는 것. 한 달간 유럽여행을 갔던 이야기, 외국인들과 어울려 봉사하고 여행하는 워크캠프의 기회, 해외 봉사 경험, 홍콩으로 일하러 간 친구, 인도네시아 사람을 대상으로 유명한 유튜버가 된 학교 후배 이야기를 들려준다.

무언가 하고 싶게끔 만들어주는 것이 당장 무언가를 하게 만들기보다 더 어려운 일이다. 하지만 훨씬 중요한 일이다. 아이가 영어 공부를 유독 싫어하거나 힘들어할 때가 있을 것이다. 나도 그럴 때가 있었다. 당시 학교 선생님 말씀이 아직도 기억에 남는다.

"다들 하는 건데, 너는 왜 이리 유별나게 구니? 너만 힘든 거 아니야. 그냥 해." 나를 더 강하게 만들어 주시려고 했던 충고의 말이었겠지만, 도리어 상처가 되었다. 당연히 하는 공부니까, 친구들이 모두 하니까라는 당위적인 이유만을 내세우는 것이 아니라, 우리 아이만의 영어 공부 목적에 대해 생각해보자.

의사소통 vs 시험 대비
영어 공부의 방향

혼란스러운 영어 공부의 방향

조카의 중고 장난감을 구경하러 지역 맘 카페에 가입했다. 화제의 인기 글이 있어 궁금해서 클릭을 해보았다. '한국식 영어학원으로 언제 옮기는 게 좋을까요?'라는 질문에 100개도 넘는 댓글이 우르르 달려 있었다. 서로 의견이 분분했다. 우리나라에서는 한국식으로 배워야 입시에 도움이 되니까 처음부터 한국식 영어를 배워야 한다는 분들이 있었다. 또 다른 분들은 미국식 영어를 통해 기초를 잘 다져놓으면, 한국식 영어는 저절로 된다고 했다. 사실이 질문은 실제 초등학교 고학년 학부모님들의 단골 질문이다.

여기서 의사소통 영어 공부라고 하는 것은 영어를 언어로써 순수하게 공부하는 것을 의미한다. 영어를 언어 그 자체로 습득하는 것이다. 노래를 부르고 몸을 움직여가면서 파닉스를 떼기도 하고, 말도 트고, 자기 생각을 써볼 기회도 있다. 읽기, 듣기, 말하기, 쓰기 영역을 골고루 배양하면서 영어를 의사소통의 도구로 배우는 것이다.

물론 원어민이 아니기에, 기본적인 단어나 표현 암기는 시험을 보긴 하지만, 목적 자체는 언어 습득이다. 반면 시험 대비 영어라 하는 것은 시험을 목적으로 공부하는 영어다. 이상적으로는 시험 대비 영어도 궁극적으로 의사소통 능력 향상에 도움이 되어야 한다. 하지만 현실적으로는 현재 아이들의 학교 시험은 입시를 위한 성적 판별 도구의 역할이 더 크다.

이러한 연유로 영어학원은 양분되어 있다. 영어를 재밌게 언어로서 배우는 교육기관과 시험을 위해 문제풀이 중심으로 다니는 교육기관이다. 이 둘 사이에서 학부모님들은 동요한다. 대부분 의사소통 영어로 시작하지만, 어느 시점이 되면 시험 대비 영어를 공부해야 하기 때문이다. 언제부터 시험영어를 접해야 하는지 혼란스럽다. 너무 빠르면 언어로서의 영어에 흥미를 잃을까 무섭고, 너무 늦으면 중학교에 가서 성적에 문제가 될까 봐 걱정된다.

실제로 학교 영어 시험에서 100점을 맞은 친구가 기본 영어 실력이 좋다고 단정지을 수 없으며, 반대로 영어를 유창하게 말하는 학생이라 해서 시험 결과가 늘 좋은 것 또한 아니다. 사실 이는 근본적으로 평가의 중점을 어디에 두느냐에 따라 달라지기 때문이다. 학교 선생님들로서는 가장 많이 신경 쓸 수밖에 없는 부분은 변별력 있는 문제를 통해 목표한 평균 점수를 맞추는 것과 이의 없는 채점 기준이다.

중학교 2학년이 된 상민이는 주재원인 아버지를 따라 홍콩에 있는 국제학교에서 7년간 영어로 교육을 받았다. 예상대로 듣고, 말하고, 읽는 기본적인 의사소통으로서의 영어는 훌륭했다. 그래서인지 시험 기간에도 영어 공부를 소홀히 했다. 첫 중간고사를 보고 나서야 상민이는 현실을 깨달았다. 문법과 작문 능력을 중점적으로 보는 학교 영어시험 성적에서 80점도 채 되지 않는 점수를 받았기 때문이다.

천성적으로 밝은 상민이는 웃으면서 앞으로 열심히 하겠다고 했지만, 상민이의 어머니는 놀람과 충격을 금치 못했다. 하지만 그렇다고 해서 영어를 처음 시작할 때부터 학교 시험에 딱 맞추어서 시험 대비 영어 공부를 하는 것도 바람직하지 않다. 그렇다면 이러한 현실 속에서 우리 아이의 영어 학습을 어떻게 시켜야 할까?

영어 공부의 무게중심 옮기기

영어 시험을 위한 공부가 단순한 의사소통 능력 향상뿐 아니라 사고력과 표현력까지 길러주는 제도가 되길 간절히 바라는 바기도 하다. 하지만 입시제도와 평가가 어떻게 변해야만 한다는 당위보다는 현실적인 영어 공부의 방향에 대해 생각해보자.

초등학교 때까지는 의사소통 능력 향상을 위한 언어로서의 영어에 무게중심을 두어야 한다. 영어를 언어로 접하고 즐겁게 배우고 자신감을 쌓는 것에 집중하는 것이다. 이 과정에서 중요한 것은 질문하고 표현하게끔 이끌어주는 것이다. 자연스럽게 생각을 표현하는 도구로서 영어를 접할 수 있도록 해주어야 한다.

이 과정에서도 당연히 암기가 필요하지만, 빠르게 많이 외우고 시험을 잘 보는 것보다 조금 외우는 게 더딜지라도 공부한 내용을 잘 활용해서 표현했을 때 더 크게 칭찬해주는 것이 중요하다. 초등학교 고학년이 되면서부터는 문법을 공부하는 것이 좋다.

문법을 공부할 때도 오지선다형으로 정답 맞히는 문제를 많이 푸는 것보다 배운 문법을 활용하여 문장을 만들어 보는 것이 좋다. 이는 서술형 시험과 수행평가에 관한 공부로도 연계될 수 있다. 중학교부터는 영어 공부의 무게중심을 시험으로 옮겨와 자연스럽게 내신 성적 위주나 수능 대비 학습이 이루어질 수 있도록 해야 한다.

흔들리지 않는 영어 공부법

아이가 자라는 시기에 따라 영어 공부의 방향은 조금씩 변화할 수밖에 없다. 하지만 중요한 것은 어느 방향에도 변함없이 생각하는 힘을 길러주는 영어 공부법을 위하여 노력해야 한다는 것이다.

중학교 3학년인 윤경이는 학교 시험 100점을 놓친 적이 없다. 윤경이 어머님은 영어영문학을 전공해서 딸 윤경이의 영어 점수는 곧 본인의 자존심이라고 직접 말씀하셨다.

윤경이는 영어 교과서 하나로 학교에서, 학원에서 그리고 집에서 3중으로 지도를 받는다. 어머니가 만들어 놓은 '100점 맞기' 프로젝트에 따라 착착 움직인다. 100점을 받으려면 작은 실수도 용납할 수 없기에 비슷한 유형의 문제들도 여러 번씩 끊임없이 풀었다. 얼마 전 국제고등학교를 가고 싶다고 특목고 대비 수업을 신청했는데, 짧은 지문을 읽고 영어로 간단히 생각한 내용을 쓰는 문제를 끝내 백지로 내고 말았다. 도저히 무슨 내용을 써야 할지 떠오르지 않았다는 것이다.

의사소통의 영어와 시험 대비 영어 모두 중요하다. 어떤 시기에 어떤 영어를 중점적으로 배울지 고민하는 것도 필요하다. 그 무게 중심에 대해 고민하는 것은 자연스러운 일이다. 하지만 이보다 더 중요한 것은 공부 과정에서 자연스럽게 생각하는 힘까지 길러낼 수 있는가다. 의사소통을 중점적으로 하는 영어에서도 질문을 만들어 보고 자기 생각을 꺼내어 표현해 보는 공부법이 중요하다.

시험 대비 영어에서도 배운 문법을 활용해 경험이나 생각이 들어간 문장이나 글을 써보는 것(영어 교과 수행평가의 방향과도 같다), 교과서나 지문에서도 나만의 배움을 만들어가는 것. 이것이 바로 어느 방향에도 흔들리지 않는 영어 하브루타 공부법이다.

아이들은 아직 인생을 멀리 바라보기 어렵고 당장 눈앞에 보이는 것을 좇기에도 바쁘다. 하지만 부모라면 달라야 한다. 단순히 의사소통 영어냐 시험 대비 영어냐라는 고민을 넘어 흔들리지 않는 영어 공부법, 영어 하브루타를 꾸준히 함께 실천해 나가자.

아이와 소통하고 교감하는
하브루타 대화

변함없는 표준화 교육의 현실

시험 기간이 되면 영어 교과서를 통째로 외우기 위해 분투하는 아이들을 보게 된다. 큰 교실에 꽉 찬 중학생 아이들이 저녁 늦게까지 남아 암기 테스트를 본다. 이제 초등학교 티를 겨우 벗고 어색하게 교복을 입은 아이들이 진땀을 흘린다. 생긴 것도 다르고 성향도 모두 다른 제각각의 아이들이 똑같은 교과서를 같은 방식으로 정해진 답을 쓰는 데 에너지를 다 쏟고 있다는 사실이 안타깝게 와 닿았다.

창의력 중심의 교과과정으로 개편한다고 하지만 아직도 여전히 교육 현장은 큰 변화가 없다는 것에 마음이 무겁다.《다중지능》을 저술한 하버드 대학교 교수 하워드 가드너는 말했다. "누군가를 창의적으로 만드는 것보다 그것을 막기가 훨씬 쉽다. 다른 사람과 똑같이 하라 하면 그만이다."

인혁이는 평소 말도 많고 애교가 많은 학생이었다. 수업시간에 재치 있는 대답도 잘하고 웃음이 많은 아이였다. 하지만 중학교 2학년 2학기쯤 되자 아이의 표정이 시무룩해지고 더는 웃지도 않았다. 학교 시험 대비 수업을 하는데 아이가 아예 듣지도 않고 엎드려 있거나 그림을 그렸다. 처음에는 반항적인 태도에 잠시 화가 났지만, 아이에게 무슨 일이 일어난 걸까 싶어서 걱정이 되기 시작했다. 다른 선생님들은 나에게 인혁이가 중2병인 것 같다며 신경 쓰지 말라고 하셨다.

하지만 단순히 사춘기로 치부하기보다는 아이와 이야기를 나눠보고 싶었다. 인혁이는 눈도 마주치고 싶어 하지 않아 벽을 보면서 말했다. "그냥 이렇게 외우고 문제 풀고 시험 보고 하는 게 재미없고 힘들어요. 친구들 다 하니까, 시험 봐야 하니까 공부해야 하는 건 아는데요. 그냥 제 마음이 그래요. 죄송해요." 어머님과 통화해보니 말씀을 하다가 훌쩍훌쩍 우셨다. 아이의 무기력함에 손을 쓸 수가 없다며 속상해하셨다.

동글동글 만화 캐릭터처럼 귀엽게 생긴 세훈이는 중학교 1학년 신입생이었다. 발표도 잘하고 방긋 웃는 예쁜 아이였다. 아직 초등학생 모습이 많이 남아 있어 유독 아기 같았다. 수업이 끝나고 자습실에 내려가니 세훈이가 앉아 있어 어깨를 쳐주려고 아이에게 다가갔다. 가까이 가보니 교과서에 눈물이 뚝뚝 떨어지고 있었다. 깜짝 놀라 아이를 데리고 나가 물어보니, 영어책이 잘 외워지지 않아 속상하다는 것이었다. 암기 테스트에 통과하지 못하면 10시까지 집에 가지 못하는데, 외울 자신이 없다는 것이었다.

물론 공부하는 과정이 모두에게 쉽고 재밌는 것은 아니다. 공부는 자신과의 싸움이며, 스스로 그 과정을 극복해가면서 배워가는 것들이 있다. 하지만 의문이 든다. 아이들이 지금의 행복과 자유를 희생할 만큼 중요한 지식과 공부 방법을 배우고 있는 것일까?

다른 사람들이 만들어 놓은 무언가를 그대로 외우고 누군가 미리 정해놓은 답을 맞히는 것에서 완성되는 공부가 그 정도로 필요한 것일까. 하지만 아이들이 지금 우리나라의 제도권 안에서 교육을 받을 때 반드시 해야만 하는 공부라는 것에 동의한다. 사실 대부분 학원도 교육제도와 공교육의 방침을 그대로 따라가야만 할 수밖에 없는 교육기관이기 때문이다.

영어 수업에 하브루타 더하기

어쩔 수 없다고 포기할 수만은 없었다. 비록 내가 당장 교육제도를 바꿀 수 있는 것은 아니지만, 적어도 교육하는 사람으로서 최대한 할 수 있는 것들을 찾아야 했다. 경험을 되살리고 교육 분야의 책들을 읽고 다큐멘터리를 보고 강연을 들으면서 '하브루타'에 대해 접하고 공부하게 되었다.

아이들에게 질문하게 하고 생각하게 하고 표현하게 하는 하브루타를 기존 수업 방식에 더 하는 방식을 시도해 보았다. 기본적인 암기와 읽기나 듣기와 같은 습득하는 방식의 공부로 시작하여 질문, 발표, 토론으로 마무리하였다.

선생님이 설명하고 아이들이 받아 적고 문제 풀기에 그치는 수업에서 끝나지 않았다. 짝을 지어 서로 설명하게 하고, 질문이나 시험문제를 직접 만들어 보기도 했다. 배운 문법을 활용하여 자기 생각을 쓰는 글을 지어 서로 첨삭하고 이야기 나누는 다양한 하브루타 방식의 수업을 했다. 약속한 진도가 있어 수업시간 중 많은 시간을 할애할 수는 없었지만, 수업의 일부분을 하브루타 수업을 적용해서 진행할 수 있었다.

하브루타로 아이와 소통하기

실제 교육 현장에서 하브루타 수업 방식보다 더 중요한 것은 영어를 싫어하고 거부하는 학생들의 마음을 잡아주기 위한 하브루타식 대화법이었다. 영어의 필요성에 대해 스스로 깨닫고 생각하게 해주는 것이 중요하기 때문이다. 고등학교 때 선생님에게 질문한 적이 있었다. 원소기호를 외우는 시험이 있었는데, 수십 개의 원소기호를 왜 다 외워야만 하는지 궁금했다. "선생님, 중요한 것 몇 개만 외우고 나머지는 그냥 실험할 때 찾아보면 안 돼요?"라고 물어보았다가 크게 혼이 났다. "그냥 외우라면 외우지. 꾀부리는 것 봐라. 그냥 외워!" 호기심에 물어보았는데, 선생님은 반항하는 태도라고 오해하셨던 것 같다. 그때는 어리기도 했고 많은 친구 앞이라 부끄러워서 마음의 상처로 남았다.

요즘도 많은 학생이 수많은 단어와 문법적 지식을 외우는 것에 대해 마냥 힘들고 지겨운 일이라고 생각한다. "그냥 외워" 하며 내가 들었던 말 그대로 강요하고 싶지 않다. 영어를 배워서 바라던

대학에 입학했고, 대학교에서 외국인 친구들과 만나는 다양한 교류 활동을 했다. 그 덕분에 삶과 세상에 대한 내 시야가 넓어졌고 지금도 더 소소한 행복을 누리며 살아간다고 생각하기 때문이다.

학생들에게도 단편적으로 시험을 위해서만 혹은 어쩔 수 없이 해야 하는 거니까 영어를 공부해야 한다고 일방적으로 이야기하고 싶지 않다. 아이들을 자세히 바라보면 꿈이 있고, 당장 꿈이 없더라도 관심사가 있다. 그 꿈과 관심사에서 영어가 왜 필요할까, 영어 공부를 하면 나중에 어떤 미래를 살게 될지에 대해 질문하면서 이야기를 이어 간다. 그리고 영어 공부를 열심히 하면 원하는 대학에서 좋아하는 전공을 선택할 수 있는 선택권이 주어진다는 것에 관해 이야기를 나눈다.

요즘 아이들은 사춘기가 점점 더 빨라지고 있다. 평균적으로 초등학교 5학년에서부터 중학교 2학년까지 아이들의 몸과 마음이 급격하게 성장한다. 각종 영상매체, SNS를 통해 아이들은 세상에 대해 더 빨리 알아간다. 아이들과 건강한 대화를 나누고 생각을 교류한다는 것은 절대 쉽지 않은 일이다.

그러므로 하루라도 더 빨리 왜 영어 공부를 해야 하는지에 대한 필요성을 스스로 생각하게 해주는 것이 중요하다. 어렸을 때부터 맹목적으로 공부하는 것이 아니라, 영어의 중요성에 대해 질문을 통해 생각을 나누고 자란 아이들은 다르다. 중학교와 고등학교에서 입시를 위한 영어 공부의 과정은 영어 자체의 재미만으로 이겨내기에는 쉽지 않다. 영어의 필요성에 대한 생각이 깊게 뿌리 잡은 아이들은 변화하는 입시에도 흔들리지 않는다.

엄마표 영어는 점수
그 이상을 바라본다

영어 공부의 진정한 의미

'AI 시대, 영어를 반드시 공부해야 하는가'라는 주제로 토론 수업을 진행했다. 영어를 공부하지 않아도 된다는 의견이 있었다. 실시간 번역과 통역기술의 발달로 의사소통에 크게 지장이 없다는 것이었다. 오히려 코딩과 같은 실용적인 공부를 하는 것이 더 효율적이라고 했다.

반대 의견을 가진 학생들은 영어는 여전히 중요하다고 주장했다. 영어를 공부한다는 것은 단순히 언어 습득 그 이상의 의미가 있다는 것이다. 영어를 공부하는 과정에서 다양한 지식을 접하고, 자기 생각을 표현하는 법을 배우고, 해외 생활을 경험할 수도 있고, 다른 문화에 대해 습득할 수 있다고 말했다.

초등학교 4학년인 현재는 목소리도 크고 발표하는 것을 좋아하는 아이다. 뛰어난 영어 실력까지는 아니지만, 영어로 말하는 것에 두려움이 없는 것이 큰 장점이었다. 어느 날 급히 어머님께서 상담을 요청하셨다. 1년 정도 어학연수를 알아보고 계시다고 했다. 주변에 외국에서 살다 온 아이들이 많아 아이가 영어 때문에 주눅이 드는 것 같아 걱정되고, 영어유치원을 안 보내서 그런지 발음도 안 좋은 것 같아 아이에게 늘 미안하고 속상하다고 하셨다.

솔직한 의견을 부탁하셔서 어학연수를 군이 보내지 않아도 될 것 같다고 말씀드렸다. 유학을 가서 계속 현지에서 살 것이 아니리면, 지금의 영어 학습으로도 충분하기 때문이다. 당장 영어 발음이나 유창한 회화 실력보다 중요한 것은 장기적인 관점에서는 결국 '생각하는 힘'이라고 말이다.

다시 말해, 책을 많이 읽고 다양한 경험을 하며 생각을 키워가는 것이다. 영어 실력까지 덤으로 얻고 싶다면, 영어책이나 영어로 된 다양한 영상들을 접해주시는 것은 어떠냐고 말씀드렸다. 차라리 나중에 가족들이 다 같이 에어비앤비로 현지 문화 체험을 함께 가거나 단기연수로 견문을 넓혀주는 것이라면 오히려 도움이 될 것 같다고 조심스럽게 말씀드렸다.

영어, 목표가 아닌 꿈의 수단

중학교 때, 영국 이모네 집에 한 달간 가게 되었다. 영국에 사는 사촌들을 부러워하던 내 마음을 눈치 챈 어머니가 어렵게 비용을 마련해서 보내주셨다. 열심히 공부해야겠다 다짐하고 떠났다. 하지만 그 마음과는 다르게 영어 실력에는 거의 변화가 없었다. 당시 성격이 워낙 소심해서 어학원에 가도 외국인들 틈새에서 말도 꺼내지 못하고 돌아왔다. 아직 나이가 어려 마음껏 돌아다니지도 못하니 밖에서 영국인과 따로 말할 기회도 없었다.

마치 한국 학원에 다니는 것처럼 영어단어장만 들고 다녔지만 입도 뻥긋하지 못했다. 그렇게 돌아오고 나니 어머니께 너무 죄송하고 속상했다. 하지만 어머니께서 웃으면서 말씀하셨다. "영어 배워오라고 보낸 게 아니야. 넓은 세상 구경하고 오라는 뜻이었어."

정말 놀랍게도 영국에 다녀온 여름방학 이후로 공부를 열심히 하기 시작했다. 평균 70점을 겨우 웃돌던 성적이 90점이 넘고 중학교 3학년이 되자 전교권에 들기 시작했다. 단순히 영어 실력이 올라서가 아니라 내 마음속에 꿈이 생겼기 때문이었다. 열심히 공부해서 성인이 되어 외국에서 살아보고 싶다는 마음이 피어났다. 다시 영국에 가게 되면 꼭 외국인 친구들을 사귀어보고 싶다는 생각이 있었다. 여행도 마음껏 다녀보고 싶었다. 그래서인지 대학교에서 외국어 전공을 하게 되고, 다시 영국에 공부하러 나갈 기회를 얻게 되었다.

물론 많은 돈과 시간을 들여 반드시 외국에 나가야만 한다는 것은 아니다. 어머니께서 넉넉지 않은 형편에도 과감하게 외국에 보내주셨던 상황이라 감사할 따름이다. 당시에는 디지털카메라도 흔치 않을 시절이라, 필름카메라로 찍은 사진들을 가지고 있다. 하지만 20년 후 지금은 스마트폰, TV, 다양한 영어책 등으로 외국문화를 체험할 수 있는 기회가 너무나도 많다. 우리나라에 거주하고 있는 외국인 친구들을 만나는 방법도 있고, 비교적 저렴한 가격의 화상영어로 원어민과 공부할 수도 있다. 예전보다 더 저렴한 항공권과 숙박 가격으로 해외여행의 문도 비교적 넓어졌다.

부모의 철학대로 자라는 아이

최진석 교수는 저서 《탁월한 사유의 시선》에서 이야기한다. 철학자들의 말을 답습하고 암기하는 것에 그치는 것이 철학 공부가 아니다. 철학자들의 말을 통해 철학자들의 시선에서 생각하는 법을 배우는 것이 바로 철학 공부다. 영어학습도 마찬가지다. 미국인들이 쓰는 영어단어와 문장 그리고 문법을 암기하고 배워 미국인 같은 영어를 구사하는 것에 그치지 말자. 영어를 배워가는 과정에서 생각을 폭넓게 확장하고 깊이 있게 숙성시키며 자신감 있게 표현하는 법을 배우는 것이 바로 영어 공부다.

우리 아이는 영어 하나 제대로 배우기도 힘들어하는데 생각하는 힘까지 신경 써줘야 한다는 것이 큰 부담으로 느껴질 수도 있다. 하지만 일단 생각의 방향이 반이다. 아니 그 이상이다. 아무리 유명한 교육기관에 아이를 보내도 아이는 결국 부모님의 교육 철학대로 자란다. 당장 영어 점수보다 다양한 경험이 중요하다고 생각하고, 영어를 배우는 과정에서 아이의 생각이 자라나고 있는지에 초점을 맞추는 것, 그 자체가 좋은 출발선이 될 수 있다.

다시 말하지만, 아이는 부모가 생각하는 방향대로 공부하게 된다. 하브루타 엄마표 영어는 당장 눈앞의 영어 점수만 바라보지 않는다. 영어 점수 그 이상을 바라본다.

우리 아이가 주인공이 되는
엄마표 영어

선생님이 주인공이 된 영어 수업

"선생님이 가장 돋보이는 수업을 해주세요. 수업시간은 시작부터 끝까지 선생님의 강한 존재감이 계속 드러나는 게 좋은 거예요." 내가 강사로서 수업을 처음 시작했을 때 학원에서 받은 요청이었다. 학생으로서도 여러 수업을 받아왔던 나는 의문이 생겼다. 선생님이 가장 드러나는 수업이 정말 학생에게도 좋은 수업 방식일까? 사실 이는 내가 교육회사에 근무할 당시 강사님들에게 요구드렸던 부분과는 너무나 달랐다. 강사님들을 선발하고 트레이닝을 할 때 항상 말씀드리곤 했었다.

"학습자분들에게 발언권을 최대한 주세요. 학습자분들이 스스로 표현할 때 옆에서 많은 도움을 주는 수업으로 이끌어주세요."

성인 수업과 어린 학생들을 대상으로 가르치는 수업은 학습자들의 배경지식도 다르고 언어 수준도 다르고 배우고자 하는 이유도 다르다. 그에 따라 교수법도 달라야 하는 부분이 있다. 하지만 지식을 암기한 후에는 짧게라도 스스로 생각하고 정리하고 표현하는 능동적인 학습이 중요하다. 이는 선생님이 아니라 학생이 중심이 되는 활동이다.

영어 수준이 비교적 높은 초등학교 고학년생들의 읽기 수업시간이었다. 그날 수업 지문은 산업혁명의 역사에 관련한 것이었다. 지문을 해석하기 이전에 학생들이 산업혁명에 대해 알고 있는 배경지식에 관해 이야기하게끔 했다. 그러자 몇몇 아이들은 책에서 읽었다면서 이야기하기 시작했다. 물론 아직 산업혁명이라는 단어를 모르는 경우도 있었지만, 친구들의 설명을 듣고 개념을 이해해하기 시작했다. 그 후에 아이들이 잘못 알고 있는 내용이나 보충해줄 부분에 대해 간단하게 설명을 더 해주었다.

강사인 내가 처음부터 배경지식을 일방적으로 설명해주지 않았다. 문법적으로 중요한 구문은 짝지어서 함께 해석해보고 마지막에 정확한 해석을 했는지 다 같이 확인했다. 강사가 다 읽어주고 완벽하게 해석해주지 않는다. 지문 읽기가 끝나면 짝끼리 번갈아가면서 읽은 내용에 대해 요약하고 질문을 던지는 활동을 했다.

이후 문제풀이 시간에도 정답을 찾는 것이 아니라 왜 정답인지, 왜 오답인지를 구별하여 설명하는 친구들에게 포인트를 주고 칭찬을 해준다. 마지막으로 4차 산업혁명에 대한 생각과 우리의 미래에 관해서 이야기해보고 마무리한다.

사실 당시 학원에서 요구했던 강사가 주인공이 되는 수업 방식은 훨씬 더 쉽고 준비하기도 간단하다. 수업 전에 미리 잠깐 읽기만 해도 충분하고 사실 미처 읽지 못해도 큰 문제는 없다. 선생님이 큰 소리로 읽고 해석을 꼼꼼히 해주고 문제도 같이 풀어주는 수업이라면 말이다.

학생들도 아주 편안하다고 느낀다. 선생님이 모든 것을 다 알아서 해주기 때문이다. 학생이 잠시 다른 생각을 하고 앉아만 있어도 크게 문제될 일이 없다. 뇌에 자극이 줄어드니 잠이 오고 핸드폰이 보고 싶은 것이다. 그렇게 점점 흥미를 잃게 된다.

어느 날 장난꾸러기 학생이 나에게 사뭇 진지하게 이야기했다. "선생님 수업은 앉아서 듣기만 하는 게 아니라서 엄청 긴장돼요. 솔직히 처음에는 진짜 귀찮았거든요. 계속 생각하고 쓰고 말하니까 힘들었는데, 계속하다 보니까 중독성 있어요. 수업시간에 배운 거 절대 안 까먹어요." 작은 정성이 더해졌을 뿐인데 그걸 알아주다니 정말 고마웠다.

부모의 기대에 따라 만들어지는 수업

한편 그때 학원에서 왜 선생님의 강한 존재감이 가장 중요하다고 했을까에 대해 깊이 고민해보았다. 학원으로서는 학생들이 생각하는 힘을 기르는 것보다 더 중요한 것이 단기간에 성적을 올려주는 것이었다. 특별히 학원의 악의가 아니라 그것이 특정 학원을 보내는 부모님의 기대이기 때문이다. 소비자의 요구에 맞춰 서비스를 제공하는 것이 상업적 교육기관의 특성이다.

가장 궁극적으로 그리고 이상적으로는 공교육과 입시제도가 변화되어야 한다. 하지만 현재 여건상 공교육에서 채워주지 못하는 부분에 대해, 자녀 교육 서비스의 소비자인 부모님들의 요구 방향이 더 지혜로워지길 바란다. 학부모님들이 원하는 것이 오직 성적이라면, 교육기관은 성적을 올리는 데에만 집중할 수밖에 없다. 시험에 나오는 것만 쏙쏙 집어 머릿속에 잠시 넣어주는 것이 학원의 질을 평가하는 기준이라면 학원은 그에 상응하는 교육 서비스를 제공해야만 하는 것이다.

물론 학교든 학원이든 어떤 형태의 수업이든 강사의 강의력은 중요하다. 같은 내용을 전달하더라도 더 쉽고, 재밌게 전달하는 것이 강사의 몫이기 때문이다. 하지만 강사가 오롯이 돋보이는 수업으로는 부족하다. 수업시간에 선생님 덕분에 재밌고 유익했다는 느낌 그 이상으로 머릿속에 남는 것이 많아지고, 스스로 생각하는 습관을 지니게 되어야 하지 않을까.

강사가 이미 깔끔하게 요약해준 것을 잘 듣고 잘 외우는 것보다 중요한 것은 스스로 요약하는 능력을 기르는 것이다. 텍스트를 읽고 스스로 요약하고 소리 내어 외워보고 가르쳐보고 질문해보는 자생 학습력을 길러주어야 한다.

이러한 수업에서는 강사가 돋보이는 것이 아니라, 학생 중심으로 돌아가야 한다. 선생님이 중심이 되어 학생들이 바라보는 것이 아니라 학생이 스스로 주인공이 될 수 있도록 지지해주어야 한다. 수업시간에 우리 아이가 학습의 주인공이 될 수 있는지 아니면 많은 아이 중에 그저 한 명이 되어 선생님을 주인공으로 모셔야 할지 생각해보자.

공부 습관을 잡아주는 엄마표 영어

영국에서 공부할 때였다. 교수님께서 설명해주시는 부분도 유익했지만, 영어 실력이 크게 향상된 것은 옆 친구와 짝지어 발표 준비를 할 때였다. 비록 내 옆 친구도 중국인이라 둘 다 완벽하지 않은 영어로 더듬거리면서 이야기를 나누었지만 말이다. 스스로 조사하고 공부하며 깨닫는 것들이 많았다. 또한 어려운 부분은 교수님께 질문하여 해결했는데 그렇게 하나씩 배워가며 성장했다.

진정한 배움이란 학교를 졸업하고 난 한참 후에도 마음속에 남아 있는 것이라 했다. 수업시간에 정확히 어떤 내용을 배웠는지는 시간이 지날수록 희미해진다. 하지만 어떤 방식으로 공부하는지를 몸에 익혔던 것은 평생 습관으로 남는다.

엄마표 영어라는 말을 들으면 부모님들이 가장 걱정하는 것이 바로 영어 실력이다. 아이를 직접 가르친다고 생각하니 내 발음에 주눅이 든다. 또한 내 자식은 직접 가르치는 것이 아니라는 이야기도 떠오른다. 하지만 엄마표 영어는 아이에게 무언가를 가르치는 내용 그 자체보다 아이가 스스로 질문하고 생각하는 공부 습관을 잡아주는 데 더 큰 의미가 있다.

아이가 커갈수록 기관의 도움을 받게 된다. 그러므로 우리 아이가 어렸을 때부터 어딜 가도 스스로 주인공이 되는 공부 습관을 잡아주어야 한다. 엄마표 영어는 아이가 어떤 환경에서도 스스로 생각하는 공부법, 다시 말해 생각하는 힘을 기르는 공부 습관을 훈련해준다는 것에 큰 의미가 있다.

영어 레벨보다 중요한 것, 생각하는 힘

영어 레벨에 흔들리는 부모 마음

나는 블로그에 애정을 갖는 블로거다. 처음 블로그를 시작했던 건 책을 읽고 배운 점을 공유하고 기록하고 싶었기 때문이었다. 내가 읽은 교육서나 일을 하면서 직접 겪은 일 그리고 교육에 관련한 생각을 담은 글도 쓴다. 그런 글들을 보고 이웃분들이 종종 학습 관련 문의를 남겨주시곤 한다. 어느 날은 블로그에 댓글로 쪽지를 꼭 확인해달라는 요청을 받아 쪽지함을 열어보았다.

릴리님, 안녕하세요. 정말 무례함을 무릅쓰고 상담을 요청해요. 제가 마음이 너무 황망하고 어쩌할 바를 모르겠습니다. 저희 아이는 현재 초등학교 4학년입니다. 7살 때부터 영어유치원을 다녔고 연계된 영어학원을 쭉 보내왔어요. 아이가 워낙 영어학원을 좋아하고 저도 일이 바쁜 워킹맘이라 그저 잘 하고 있으려니 했어요.

그런데 갑자기 왠지 모를 불안감에 대형 어학원 레벨 테스트가 있다길래 아이와 함께 갔습니다. 그래도 내심 기대했는데, 레벨 테스트 결과를 보고 너무 실망했어요. 문장이해, 문장추론, 세부사항 파악 부분에서는 점수를 잘 받았어요.

그런데 주제를 파악하는 문제에서 8문제 중에 겨우 1문제를 맞추었습니다. 그래서 낮은 레벨이 나왔어요. 사실 아이가 몇 년간 꾸준히 숙제도 잘하고 성실하게 공부했던지라 너무 화가 납니다. 게다가 아이는 스스로 영어를 잘 한다고 생각하는데 혼자서 착각하는 건 아닌가 싶고요.

얼마 전 학원 대표로 말하기, 쓰기 대회에 나가서 나름 조그만 상도 탔는데 말이에요. 다른 엄마들에게 자랑이나 하지 말 걸 그랬나 봐요. 우물 안의 개구리였나 싶고 별 생각이 다 듭니다. 괜히 제때 학원을 옮겨주지 못한 못난 엄마 때문에 아이가 고생하는 건 아닌지 싶네요. 지금이라도 대형 어학원으로 옮겨야만 할까요? 정말 너무 속상합니다. 어떻게 해야 할까요?

어머님이 보내주신 짧은 글만 보아도 걱정과 불안한 마음이 고스란히 느껴졌다. 안타까운 마음에 글이 길어져 쪽지가 아닌 메일로 답변을 드렸다.

어머님, 안녕하세요. 제 블로그에 와주셔서 감사하고 소통하게 되어 반갑습니다. 일단, 아이의 레벨 테스트 결과보다 중요한 것은 어머님의 마음이라고 감히 말씀드리고 싶습니다.

사실 이렇게 말씀을 드리는 저도 만일 제 상황이었다면, 어머님과 똑같은 생각이 들었을 테지만요. 얼마 전 《엄마 심리 수업》이라는 책을 읽었는데, 이런 말이 있더라고요. '엄마의 냄새가 아이에게 스며든다.'

제가 걱정이 많은 스타일이라 참 와 닿았던 문구였어요. 어머님께서 보내주신 글을 보니 어머님의 불안과 염려가 많이 느껴졌어요. 그러한 마음이 아이에게 고스란히 전달되면 안 될 텐데 하는 생각이 먼저 들었습니다.

영어를 배우기 시작할 때 중요한 것은 스스로 영어를 잘한다는 자신감입니다. 사실 돈을 많이 준다고 해도 쉽게 살 수 없는 것이 영어에 대한 흥미와 자신감이거든요. 이러한 영어에 대한 긍정적인 마음을 바탕으로 평생 영어를 배워가는 것이라고 해도 과언이 아니라고 말씀드리고 싶어요. 아이가 충분히 열심히 해왔고 아직 배워가는 중이기에 오히려 어머님의 칭찬과 격려가 더 필요할 시점입니다.

대형 어학원도 각자의 색깔이 있어요. 학원별로 중요시하는 부분이 다르고 그에 따라 테스트를 하는 방식과 난이도도 다릅니다. 예를 들어, 어떤 학원은 문법을 중심으로, 또 다른 곳은 의사소통 중심으로 추구하는 바가 조금씩 다르지요. 테스트는 중요하지만, 그렇다고 아이가 쌓아온 실력을 모두 대변해주지는 않아요. 모든 학원이 그렇지는 않지만, 때론 학부모님들의 불안과 걱정을 일부러 부추길 때도 있어요. 학원뿐 아니라 많은 광고의 속성이 그렇잖아요.

게다가 아이가 모든 영역이 아니라 특정 한 영역에서만 부족했던 부분을 발견하신 것은 오히려 레벨 테스트의 큰 수확이라고 봅니다.

테스트를 보고 실력을 확인하는 것도 중요합니다. 하지만 더 중요한 것은 테스트 결과를 보고 앞으로 무엇을 어떻게 더 공부해나가야 할지 발견하는 것이지요.

레벨 테스트 한 번에 흔들리지 마세요. '우리 아이가 잘 하고 있지만, 현재로서는 이 영역에서 부족하구나. 이 영역을 잘할 수 있도록 어떻게 도와줄 수 있을까?'라고 생각하는 방향이 더 도움이 되지 않을까 싶습니다.

영어보다 생각하는 힘

일단 아이가 어렵다고 느끼는 부분은 단순히 영어 실력의 부족 때문만은 아니었다. 물론 영어 해석 속도가 빠르고 정확하면 정답을 맞힐 확률이 높아진다. 그만큼 더 생각할 수 있는 시간을 확보할 수 있기 때문이다. 하지만 해석이 빠르게 잘 되는 것과 문제에서 요구하는 바를 정확하게 찾아내는 것은 다른 능력을 요구한다. 쉽게 말해 말을 잘하는 아이가 국어시험을 잘 본다는 것을 의미하지 않는 것과 같다. 영어로 쓰인 내용을 잘 이해했음에도 불구하고 엉뚱한 답을 고르는 아이들이 많다. 학년이 올라갈수록 영어로 읽거나 들은 내용을 바탕으로 주제를 찾거나 요약하거나 추론해낼 수 있는 사고 능력이 평가된다. 책을 많이 읽고, 다양한 경험을 쌓고, 깊이 생각하는 법을 몸에 익힌 아이들이 배양해나갈 수 있는 실력이 바로 문제를 해결하는 능력이자 생각하는 힘이다.

정답을 고르는 문제풀이나 시험의 영역을 벗어나서도 마찬가지다. 우리가 아는 대부분의 직업이 사라지고 인공지능(AI)이 인간을 대체하는 시대가 온다. 지금의 모습으로는 상상도 할 수 없는 새로운 세상이 펼쳐지는 시점에 정말 중요한 능력은 무엇일까.

분명한 것은 원어민 수준의 영어, 그 자체는 아닐 것이다. 내 생각의 폭을 넓히기 위한 도구로 그리고 나의 의견을 적절히 표현할 수 있는 수단으로서 영어가 필요할 것이다. 우리 부모님께서 늘 하시던 이야기가 있다. 성적보다 즐겁게 사는 것이 중요하다는 것이었다.

물론 나도 성적 때문에 고민하고 힘들 때도 있었지만, 부모님의 가치관에 따라 긍정적으로 살아올 수 있었다. 우리 아이에게 영어 성적과 레벨보다 스스로 질문하고 깊게 생각하는 습관이 중요하다고 이야기해주자.

우리 아이의 성향에 따른
엄마표 영어

아이 성향에 맞추기 어려운 교육기관의 현실

얼마 전 부부학교에 가서 남편과 애니어그램 검사를 받았다. '즐겁게 살자, 절약하며 살자'는 가치관이 비슷한 연인이었기에 서로 그저 닮았다고만 생각해 왔다. 하지만 심리검사를 받고 나니 결과는 정반대였다. 남편은 가슴으로 살아가는 평화주의자였고, 나는 머리로 살아가는 탐구주의자였다. 남편은 다른 사람들과의 조화, 평화가 중요한 사람인 반면, 아내인 나는 다른 사람들로부터의 분리되는 나만의 시간과 공간이 우선순위였다.

나와 다른 성향을 이해하고 나니, 평소의 행동과 태도에 대해 조금 더 이해할 수 있었다. 어떤 것을 주의해야 하고 이해해줘야 할지에 대해 생각하게 되었다. 심리검사 하나가 모든 다름을 대변해주지는 않지만, 서로의 다른 성향에 대해 인지하게 되었단 것만으로도 의미가 있었다.

사실 아이들을 지도할 때도 마찬가지다. 나만의 생각과 가치관으로 모든 아이를 똑같이 대하는 것보다 아이의 성향과 관심사에 대해 생각해보는 것이 도움이 된다. 아이 한 명 한 명을 알아가려 노력하지만, 많은 경우 현실적인 한계에 부딪힐 때가 많았다.

대형학원에서는 한 반에 최소 13명에서 많게는 20명의 학생들이 있다. 학교에서는 한 반의 학생 비율이 더 높다. 아이들의 성향에 따라 조금씩 달라져야 할 것들이 달라질 수 없고 획일화된 기준에 맞춰져야 하는 환경에 있는 것이다. 담임 선생님의 열정이 넘쳐난다고 해도 수십 명의 아이를 맡고 있기에 우리 아이의 성향을 분석하고 그에 맞춰준다는 것은 쉽지 않은 일이다.

친하게 지내는 동생은 초등학생 기준으로 순수 원비만 월 40만 원이 넘는 고가의 대형 프랜차이즈 영어학원에 근무하고 있다. 원어민 선생님이 학생을 관리할 수 없어 본인 혼자 100명이 넘는 아이를 관리하고 있다고 했다.

한 학기가 석 달인데, 학기가 끝날 무렵이 되어야 아이들의 이름이 겨우 다 기억날 정도라고 했다. 수업을 준비하고, 회의에 참석하고, 학부모님들께 전화하고, 시험지 채점하고, 숙제 검사하고, 각종 이벤트 준비까지 너무 바쁘다는 것이다. 아이들을 세심하게 알아가고 챙겨줄 수가 없다며 하소연을 했다. 책임감이 강하고 아이들을 예뻐하는 선생님이라 애정을 가지고 그나마 노력하는 모습이 보였지만, 그마저도 쉽지 않아 보였다.

세상이 모두 그렇지만, 그냥 돈을 주고 편하게 맡기기만 할 수 있는 일은 거의 없다. 시간적인 여유가 없어 비싼 돈을 주고 영어

교육을 맡기는 것이 아니냐 반문할 수 있지만, 그저 위임만 하면 그만큼의 효과를 기대하기 어렵다. 우리 아이에 대해 온전히 특별하게 관심을 기울일 수 있는 사람은 부모이기 때문이다. 그러므로 부모인 내가 아이의 성향에 관해 먼저 관심을 가져야 한다.

　내가 막연히 안다고 생각하는 것과 실제로 아는 것은 다르다. 우리 아이만 기르는 부모이기에 의외로 더 모르는 부분들도 있다. 우리 아이의 관심사와 흥미 그리고 성향에 따라 영어 공부법을 찾을 수 있도록 도와주려면 어떻게 해야 할까.

우리 아이의 성향을 알아가는 방법

첫째, 다양한 체험을 한다.

　아이와 함께 활동에 참여하거나 여행을 떠나자. 누군가를 제대로 알아가는 최고의 방법 중 하나는 함께 낯선 곳으로 떠나 보는 것이라고 한다. 먼 거리의 여행도 좋지만 가까운 공원 가기, 전시회나 연극을 보러 가는 것도 좋다. 아이의 관심사에 따라가도 좋고, 전혀 관련 없어 보이는 곳에 가는 것도 좋다. 우리 아이가 무엇을 좋아하는지뿐 아니라 무엇을 싫어하는지, 흥미가 없는지를 아는 것도 큰 수확이다. 부모로서 아이에 대해 다방면으로 알 수 있다는 점 그리고 아이가 스스로 자신을 알아가고 세상을 넓혀간다는 것이 중요하다.

　나에 대해 알아가는 데 꽤 오랜 시간이 걸렸다. 오랜 시간이라는 것은 주관적인 기준이긴 하지만, 20대까지도 나는 나를 몰라도 한

참 몰랐다. 다양한 경험을 통해 부딪치며 나에 대해 알아가기 시작했다. 대기업에서 인턴 생활을 하면서 수만 개의 숫자를 다루다 보니 내가 숫자형 인간이 아니라는 것을 알았다.

반면 교육 자료를 만들고 홍보 글을 쓰고 이벤트를 만드는 일이 재밌었다. 전혀 알지 못하는 사람에게 전화를 걸어 회사의 교육 상품을 판매하는 일도 재미있었다. 다른 사람들이 제일 싫어하는 업무 중 하나였지만, 나에게는 큰 거부감이 없었다. 여러 가지 경험을 통해서 나를 발견하고 나에게 맞는 꿈을 찾아가고 키워나가게 되었다.

부모와 아이가 함께 하는 경험은 그 자체가 추억이자 사랑이다. 부모는 체험을 통해 우리 아이의 재능과 성향에 대해 알아가게 된다. 자녀 또한 자신에 대해 발견해가는 계기가 된다.

둘째, 아이의 학습을 지도하는 선생님에게 물어보자.

성인들도 마찬가지라고 느끼지만, 생각보다 많은 아이들도 집에서의 모습과 밖에서의 모습이 다르다. 친구들과 어울릴 때의 모습, 수업시간의 모습은 부모가 매번 다 볼 수가 없다. 선생님들은 많은 아이를 맡고 있어, 우리 아이에 대해 속속들이 알지는 못하지만, 집에서 보지 못하는 모습들을 볼 수 있다. 또한 우리 아이만 보고 있는 엄마나 아빠보다 다른 많은 아이와 비교했을 때의 모습을 보기에 특별한 점에 대해 더 잘 인식하기도 한다.

선우는 초등학교 6학년이다. 선우의 어머니는 야근이 많고 출장도 잦은 워킹맘이셨다. 어머님께서는 할아버지 손에 키워지는 아이에 대한 미안함이 늘 크신 것 같았다. 집에서 아이가 밥도 먹는 둥 마는 둥 하고 숙제도 대충 해가는 것 같아 걱정된다고 하셨다. 하지만 벌써 사춘기가 온 것처럼 훌쩍 큰 아이에게 잔소리가 될까 싶어 말도 못 하고 마음으로만 삭인다고 속내를 털어놓으셨다.

하지만 선생님으로서 보는 선우는 달랐다. 항상 목소리도 크고 밝고 유머러스해서 친구들 사이에 인기가 많았다. 숙제를 소홀히 해올 때도 종종 있었지만, 해오기로 약속을 하면 꼭 지키는 아이였다. 친구들 사이에서 리더십이 좋아 성적에 관해 자존심도 강하고 시험을 잘 못 보면 창피해하기도 했다.

한 번은 몸이 좋지 않은 날이 있었는데, 선우가 눈치를 채고 친구들을 스스로 조용히 시키기도 했다. 어머님께 말씀을 드리니 어리광만 부리는 아이라고 생각했는데, 그런 모습이 있었는지 전혀 몰랐다며 좋아하셨다.

셋째, 아이의 성향에 대해 검사를 받아보자.

사실 테스트지 하나로 검사를 받는 것에 대한 의심과 부정적인 마음이 있었다. 학교 다닐 때도 종종 적성검사를 하고 결과지를 받으면 잘 읽지 않고 버렸다. '정말 신뢰할만 할까? 몇 가지 질문으로 나를 어떻게 알지?'라는 의구심이 들었다. 한때 지문으로 성향을 알 수 있는 검사가 성행했었다. 이러한 검사가 거짓이라는 판명이 나면서 역시나 하는 마음도 들었다.

하지만 교육 분야에서 일을 시작하면서부터 아이들의 성향에 관심을 두게 되어 기질 검사를 공부했다. 아는 만큼 보이듯이, 자세히 알아갈수록 실제로 도움되는 부분이 많다는 것을 알게 되었다. DISC검사, 애니어그램, MBTI로 진단을 받고 프레디저 진로적성검사를 공부하다 보니 나에 대해 막연히 알고 있던 부분이 객관적이며 체계적으로 정리되었다.

아이의 성향과 기질은 시간에 따라 변화되기도 하고 테스트가 모든 것을 알려주지는 못한다 하더라도 아이에 대해 더욱 객관적으로 아는 데 도움되는 검사라면 추천하고 싶다. 당연히 검사를 받는 것보다 중요한 것은, 검사 결과를 가지고 전문가와 그리고 아이와 직접 이야기를 나누어보는 것이다. 기질이나 성향을 아는 것만으로도 도움이 되지만, 결과를 가지고 직접 이야기를 나누어보는 것이 필요하다.

우리 아이의 성향 또는 기질 검사 받아보기

인싸이트

웹사이트에 가면 학습/진로, 사회성 발달, 능력, 심리 등 온라인으로 검사할 수 있다. 스마트폰으로도 가능하며 가격도 저렴한 편이다.

웹사이트 주소: http://inpsyt.co.kr/main

프레디저 진로 적성검사

전국적으로 각 센터가 있다. 카드나 게임 VR을 활용하여 아이들의 성향과 진로를 재미있게 검사할 수 있는 것이 장점이다. 우리 아이의 성향에 관해 관심을 가지고 이에 따라 영어 공부법을 찾는 것이 중요하다.

웹사이트 주소 https://prediger.co.kr

우리 아이 성향에 따른 영어학습법

만일, 우리 아이가 주도하고
나서는 것을 좋아한다면

먼저 나서서 발표하는 것을 좋아하고 주목받는 것을 즐기는 아이들이 있다. 목소리도 큰 편이고 자기 주장을 내세우는 것을 좋아한다. 리더십이 있는 편이고 유머 감각도 있어 교우관계에서도 두각을 나타내는 유형이다. 이러한 친구들은 수업시간에 참여가 좋고 매사에 자신감이 넘치는 것이 큰 장점이다. 영어는 자신감이 생명이라고 해도 과언이 아닌데, 이러한 친구들은 말하는 것에 두려움이 없어 실수해도 크게 개의치 않고 실수하며 배워가는 스타일이다.

이런 유형의 아이들은 친구들이 많은 곳에서 어울려 배우는 것이 좋다. 자존심이 생명인 아이들이기 때문에, 다른 것은 제쳐두더라도 자존심을 지켜주고 아이들 앞에서 칭찬해주는 것을 좋아한다. 엄마표 영어를 실천할 때도 이런 아이의 자신감과 적극성을 인정해주는 것이 좋다. 외국인과 말할 기회를 만들어 주거나, 영어 말하기 대회와 같은 곳에서 끼를 발산할 기회를 주면 좋다.

의사소통으로서의 영어를 잘 배울 수 있는 아이들이지만 상대적으로 섬세함이 떨어지는 경우가 많다. 숙제를 차분히 하거나, 시험지를 꼼꼼히 확인하고 살펴 문제를 푸는 것을 어려워하기 때문에 이러한 부분에 대해 세심하게 보완해주어야 한다. 예쁘게 천천히 글씨를 써본다든지 하나에 대해 깊게 생각해보는 차분함을 길러주면 도움이 된다. 장점이 단점이 되듯, 주도적인 아이가 가끔 다른 친구들의 발표 기회를 빼앗거나 지나치게 목소리가 커질 때가 있다. 아이를 교육기관에 보내게 된다면 다른 아이들에게 피해가 되지 않길 바라는 마음을 전달하면서 아이의 성향을 장점으로 잘 이끌어주길 부탁하는 것도 좋다.

만일 우리 아이가 소심한 편이지만
꼼꼼하고 체계적인 아이라면

자신을 잘 드러내지 않고 목소리도 작은 아이들이 있다. 무언가 나서서 먼저 이야기하는 성향이 아니다. 하지만 질문에 대답할 기회를 주고, 먼저 물어봐 주기를 마음속으로 기다리는 아이들이다. 혼나거나 실수하는 것을 두려워하는 성향이 다소 소심하게 비칠 수도 있다. 부모님과 편안한 분위기에서 이야기를 나누면 조금씩 말문을 열어갈 수 있다.

이런 유형의 친구들은 비교적 스스로 과제를 잘 챙겨서 하는 편이고 책임감도 강한 경우가 많다. 지면으로 시험을 볼 때 유리한 것이다. 차분하게 앉아서 생각하고 다시 확인하는 것을 잘 하며 비교적 소규모의 그룹 수업이 잘 맞는 유형이다. 엄마표 영어를 할 경우 먼저 질문을 해주고 실수를 할 때 오히려 칭찬을 더 크게 해주는 것이 좋다. 도전했다는 그 자체에 부모님이 감격하고 긍정적으로 호응해주면 아이는 내 답과 생각이 완벽하지 않아도 된다는 생각을 자연스럽게 하게 된다. 꼼꼼함과 세심함이라는 장점도 잘 살려주면서 계속해서 용기를 주어야 한다. 아이에게 처음부터 나서서 말할 것을 강요하기보다는 생각을 그림이나 글로 조금씩 표현하는 기회를 먼저 주는 것도 좋은 방법이다.

만일 우리 아이가 영어 공부에 흥미가 없고 산만한 아이라면

영어 공부를 시키려고 집중하기보다, 아이의 관심사가 무엇인지 먼저 생각해보는 것이 좋다. 처음부터 영어 공부를 강요하려고 하면 오히려 마음속에 거부감이 생길 수 있기 때문이다. 아이가 좋아하는 것, 관심 있는 분야에 관해 이야기를 나누며 충분한 교감을 먼저 나누는 것이 필요하다. 이런 유형의 아이들이야말로 엄마표 영어가 꼭 필요한 아이들이다. 교육기관에 보낸다고 했을 때도 1:1로 수업을 하거나 소규모 수업이 좋다. 아이들이 많은 경우에는 집중이 분산되고 멍하니 있다가 오는 경우가 있기 때문이다. 부모님이 우리 아이의 관심사에 관한 이야기를 충분히 들어준 후, 영어 공부를 연관지어본다.

이때 영어를 잘하게 하려는 욕심을 잠시 내려놓고, 자신이 좋아하는 것과 영어를 조금씩 연결해 거부감을 줄여가는 것도 방법이다. 동물을 유독 좋아하는 남자아이는 동물에 대한 단어나 문장을 만들게끔 한다. 동물이 나오는 영어 그림책을 골라준다. 동물을 주인공으로 만든 이야기를 만들도록 한다. 외국인 친구가 너의 그림을 궁금해할 수 있으니 설명해달라고 하면 신나서 고민하기 시작한다. 자신이 그린 그림이나 관심사를 칭찬해주고 공감해주며 마음의 문을 여는 것이 우선이다.

만일 우리 아이가 야무지고
공부에 의욕이 있는 아이라면

학습직인 측면에서 가장 이성적인 유형이라고 생각될 수 있는 아이들이다. 이런 아이들은 친구들이 많은 곳에서 어울려 영어 공부를 해도 좋다. 어딜 가도 자기 몫을 찾아내는 아이들이라면, 학교나 대형학원과 같은 큰 집단에서도 실력을 발휘할 수 있다.

다만 이런 유형의 친구들에게 신경 써주어야 할 부분은 과도하게 성적에 신경을 쓰는 것이다. 책임감이 강하고 공부에 욕심이 있는 것은 큰 장점이지만, 자칫하면 완벽주의 성향이 되어 작은 것에 소심해지고 스트레스를 받을 수도 있다. 그러므로 엄마표 영어로 아이의 마음을 편안하게 해주는 데 초점을 맞추면 좋다. '이미 충분히 잘하고 있다. 실수해도 좋다. 조금 잘하지 못해도 된다.'라는 부모님의 생각을 전달해주는 것이다. 하브루타 엄마표 영어를 통해 남들보다 뛰어난 것보다 남들과 다른 나만의 생각이 중요하다는 것을 아이에게 자연스럽게 알려주는 게 좋다.

영어교육,
엄마표 vs 사교육

어려운 선택, 엄마표 vs 학원표

> * 엄마표 영어 관련 다양한 정의가 있지만. 이 장에서의 엄마표 영어
> 는 기관의 도움 없이 엄마의 주도하에 공부하는 영어를 의미합니다.

자녀의 영어교육을 시작해야 할 때쯤이면 부모들은 고민하기
시작한다. 아이를 학원과 같은 사설 기관에 보낼 것인가, 아니면
집에서 엄마의 주도하에 영어 공부를 할 것인가. (예전과는 다르
게 아빠들도 아이들의 교육에 적극적으로 참여하는 때도 있어 엄
마표라는 말보다 부모표라는 말을 더 사용하고 싶다. 하지만 현재
주로 엄마표 영어로 통용된다.)

사실 나는 영어를 좋아했고 영어를 가르친 경험이 있어 막연히
엄마표 영어를 해야지 하고 생각해 왔다. 시중에 엄마표 영어를
알려주는 훌륭한 책이 많고, 영어 공부 환경이 이렇게 좋은데 왜

값비싼 학원에 보내는지 궁금할 정도였다. 영어 학원비를 많이 지출한다는 것이 부담스럽기 때문이기도 했다. 처음에는 엄마표 영어책 몇 권 보고 따라 하는 것이 어렵겠냐고 막연히 생각해 왔다.

나와 비슷한 생각으로 엄마표 영어를 자신 있게 시작했던 지인이 이야기해주셨다. 그분은 전직 영어 선생님 출신이자 현직 전업주부임에도 불구하고 아이를 직접 가르치려고 하니 고생이 이만저만이 아니라는 것이다. 자신이 영어를 좋아하고 잘했기에 아이도 언어를 좋아할 거로 생각했는데, 매일 전쟁터라는 것이다.

아이가 너무 싫어해서 좋아하는 영어 영상만 보여주자니 불안하고, 엄마표 영어를 제대로 실천하자니 아이가 거부하는 상황. 그리고 4대 영역(듣기, 읽기, 말하기, 쓰기)의 커리큘럼을 짜서 제대로 공부시키자니 차라리 영어학원 취업을 하는 것이 빠르겠다며 너털웃음을 지으셨다.

아이의 학업보다는 마음껏 놀아야 한다는 부모의 철학에 따라 엄마와 함께 영어를 공부한 엄마표 영어 친구들도 있다. 물론 아이의 인생을 길게 보았을 때, 영어 공부를 조금 늦게 시작한다고 크게 문제되는 것은 아니다. 또한 아이들은 한창 뛰어놀 때가 아닌가. 유럽에서 자유로운 영혼의 아이들을 많이 접해서인지 나 또한 이러한 이상적인 생각을 막연히 가지고 있었다.

하지만 이런 경우 대한민국의 대부분 현실에서는 초등학교 고학년이 되어서야 부랴부랴 학원을 찾는다. 이제 알파벳을 겨우 뗀 아이인데, 같은 학년 친구들은 이미 영어로 글을 읽고 쓰고 있다. 그제서야 아차 싶은 엄마는 갑자기 영어학원의 모든 프로그램을 듣기 시작하고 방학에 연수를 보내는 것까지 알아보기 시작한다. 엄마 발등에 불이 떨어진 것이다. 아이로서는 한창 놀다가 갑자기 학원에 가니 적응하기도 힘들다. 숙제도 산더미처럼 느껴지고 수업은 어렵고 다른 친구들은 나보다 앞서가는 것 같아 주눅이 들기도 한다.

단순히 일방적으로 엄마표 영어가 좋지 않다고 말하는 것은 아니다. 엄마표 영어로도 충분히 실력을 잘 쌓아온 아이들도 많다. 또한 나도 엄마표 영어에 대한 희망이 있다. 아이와 함께 영어로 책을 읽고 영어로 대화하는 것을 꿈꾼다.

그렇다면 사교육 영어를 선택하는 것이 안전한 것일까. 엄마들이 아이들을 영어학원에 보내기 시작하면 가장 많이 하는 걱정이 무엇일까. 우리 아이가 전기료만 내주는 것이 아닌가? 하는 생각이다. 실제로 꽤 많은 아이가 가방만 가지고 왔다 갔다 한다. 수업 시간에 너무 어려워서 혹은 진도가 빨라서 따라가지 못하거나 흥미를 잃고 멍하니 있는 것이다.

또한 숙제를 전혀 하지 않고 심지어 집에서 가방을 열어보지 않는 아이들도 있다. 가끔 아이들의 가방을 보면 마치 쓰레기통처럼 뒤죽박죽 모든 것들이 섞여 있다. 부모님이 일일이 챙겨주지 않아도 스스로 공부하고 숙제하는 아이들의 경우 문제가 되지 않지만, 특히 어린 아이일수록 아직 그렇지 못한 경우가 많다. 엄마표 영어를 실천하기에 시간이 부족해서 혹은 전문적인 학습을 위해 아이를 학원에 보내지만, 막상 엄마의 손길이 가지 않으면 사교육 영어도 엉망이 되기 십상이다.

엄마표 영어의 진정한 의미

결국 완벽하게 선을 그어 엄마표 영어와 사교육 영어를 구분짓기 어렵다. 엄마표 영어도 학습지, 인터넷 강의 혹은 방문 선생님의 도움을 빌릴 수 있다. 그리고 사설학원에 다니더라도 숙제나 생활 태도와 같은 기본적인 것들은 엄마가 지속해서 잡아주어야 한다.

하지만 이보다 더 중요한 것은 사교육에서 하기 어렵지만, 우리 아이에게 꼭 필요한 것을 부모가 해주어야 한다. 바로 생각하는 힘을 기르는 영어 공부법이다. 물고기 대신 물고기 잡는 법을 알려주라는 것은 오랫동안 전해지는 부모를 위한 격언이다. 물론 엄마표 영어를 통해 영어를 직접 가르쳐주는 것도 좋다. 하지만 영어를 공부하며 생각하는 힘을 키워가는 법을 함께 연습하는 것이 엄마표 영어의 진정한 의미다.

아이가 학원에 다니는 것과 관계없이 스스로 학습한 내용을 토대로 혹은 부모님과 영어 공부를 하며 하브루타를 더해 도전해볼 수 있다. 영어책이나 영상 혹은 문제집을 활용해도 좋다. 학원에 다니는 아이라면 학원에서 배운 내용이나 숙제로 시작해보아도 좋다.

초등학교 2학년이 된 이안이는 엄마와 함께 하브루타 엄마표 영어를 실천한다. 어머니는 이안이가 학원 숙제는 될 수 있으면 스스로 할 수 있게끔 하고, 숙제 내용에 대해 간단한 질문을 주고받는다. 아이가 읽은 영어책의 그림을 보면서 함께 관찰해보고 상상해서 이야기를 만들어 보기도 한다. 그리고 그림 속 주인공의 입장이면 어떤 기분을 느낄지 생각해보며 도란도란 이야기를 나눈다. 이안이 어머니는 영어를 잘하지 못해 쑥스럽다고 하셨지만, 결국 아이와 한두 마디씩 같이 읽어보며 재미를 붙여서인지 오히려 본인이 영어 공부를 더 하고 싶은 마음이 생겼다고 했다.

문제집을 풀 때도 마찬가지다. 몇 점이라는 점수보다 중요한 것이 있다. 맞았다고 동그라미 확 치고 틀렸다고 크게 표시하면서 이런 것도 틀렸냐며 혼내는 것은 좋지 않다. 부모님이 점수에 목을 매기 시작하면, 아이들도 자연스럽게 점수만 중요한 것이라고 생각하게 된다.

오히려 부모가 점수보다 아이의 생각을 듣고 싶어 할 때, 아이는 내 생각을 이야기하는 것이 중요하다는 가치관과 태도를 갖게 된다. 왜 이렇게 정답을 썼는지, 내 생각은 무엇인지, 이게 정답이 아닐 가능성은 없는 것일까. 다른 방법으로 생각해볼 수 없는지 질문해보는 것이다. 때론 일부러 아이와 다른 생각을 이야기하거나 반대 관점을 취해보거나 사회 현상을 알려주면서 아이의 생각하는 폭을 넓혀줄 수 있다.

하지만 아이가 조금이라도 공부라고 느낀다면 거부하거나 싫어한다고 말씀하시는 학부모님들이 계시다. 나도 비슷한 경험이 있다. 쉬는 시간에 배운 내용을 가지고 대화를 막 하려고 하는데, 이제 갓 초등학교에 입학한 아이가 말했다. "아, 쉬는 시간까지 공부시키지 마세요." 공부로 접근하기가 어렵다면 아이의 관심사에서 출발할 수도 있다.

그림 그리는 것을 유독 좋아하는 아이라면 직접 그린 그림에 관해 물어보고 생각해보는 활동을 할 수 있다. 게임에 푹 빠진 아이에게는 게임의 규칙이나 어떻게 하면 이길 수 있는지 혹은 캐릭터를 소개해달라고 할 수 있다. 왜 이 게임이 재밌는 건지, 누가 이 게임을 만들었을까. 왜 사람들은 게임을 좋아할까. 내가 게임을 만든다면 어떤 내용을 어떻게 담고 싶은지 물어보는 것으로 출발할 수 있다.

아이의 마음과 성향, 영어 실력 그리고 기분까지 세심하게 고려해서 생각하는 즐거운 습관을 길러주는 것은 부모만이 할 수 있는 영역이다. 디자인이 모두 같고 크기만 다른 기성복에 우리 아이를 맞춰 넣는 것이 아니다. 우리 아이만의 옷, 다시 말해 우리 아이만의 생각의 세계를 만들어주는 것이다.

우리 아이 꿈에
관심을 기울인다

너무 바쁜 학교 선생님

얼마 전 학생이 들고 온 학교 시험지를 보고 깜짝 놀랐다. 누가 봐도 학생이 틀릴 법한 문제를 내서 평균을 맞춘 것이었다. 아이들 말에 의하면 시험이 끝나고 나면 학교에 항의 전화가 빗발친다고 한다. 평균 점수가 너무 높지 않냐. 평균이 너무 낮다. 시험 문제가 주관적이다. 학교 선생님은 누가 봐도 공정하다고 여겨지는 평가와 변별력 있는 문제로 적절한 평균 맞추기, 답이 의심되지 않는 시험 문제를 내는 것이 업무다.

남양주의 한 중학교에서 아이들을 지도하는 친한 동생이 하소연했다. 얼마 전 학부모님께 큰 질타를 받았다는 것이다. 자신이 7반을 지도하고 있는데, 신발 주머니를 1반부터 위에서 차례로 놓다 보니 7반 아이들의 칸이 가장 아래 놓인다는 것이다. 어머님 말씀으로는 7반으로 정해진 것은 우리 아이의 잘못이 아닌데, 왜 허리를 숙여야 하는 피해를 봐야 하냐는 내용이었다.

또 다른 학부모님으로부터는 교복 재질이 까끌까끌해서 아이 피부에 좋지 않으니 바꿔 달라는 문자도 받는다고 한다. 물론 학교별로 조금씩 다르지만, 학교 선생님들도 할 일이 많다. 수업뿐 아니라 학부모 민원 업무, 학생 생활 지도와 행정 업무까지 해야 한다. 따라서 아이들 개개인별로 특성을 파악하고 무엇을 좋아하며 잘하고 어떤 것을 싫어하고 힘들어하는지 알아갈 여유가 없다.

아이의 꿈보다 성적이 중요한 학원

한편 학교 시험지를 받아들고 나니 걱정이 되기 시작했다. 시험이 어려우면 가장 점수가 흔들리는 50점에서 80점대 중하위권 아이들의 얼굴이 떠올랐다. 그때 마침 학원 운영을 담당하는 분께서 지나가시더니 시험이 어땠냐고 물었다. 시험이 생각보다 어려워서 아이들이 걱정된다고 했더니 웃으면서 말씀하셨다. "시험이 어려워야 좋은 거예요. 그래야 아이들이 학원에 의존하죠. 걱정하지 마세요." 물론 내가 속한 조직이 이익을 내서 월급을 받는다지만, 아이들을 의존하게 만들고 싶지는 않았다. 아이의 꿈과 미래에 대한 진지한 관심보다는 아이가 우리 학원에 얼마나 오래 다닐지가 더 큰 관심사라는 게 씁쓸했다.

학교뿐 아니라 비싼 돈을 주고 다니는 학원도 우리 아이 꿈에 관심을 가질 여력이 없다. 여러 가지 이유와 상황으로 그곳을 그만두게 되었다. 변화하는 미래를 맞이해야 할 아이들의 역량에 대해 진지하게 고민하며 영어 하브루타 교육과정을 만드는 데 힘쓰고 있다.

학교에서 일하는 교사도 학원에서 일하는 강사도 아이들을 만나지만, 그들은 조직에 속한 각자의 입장이 있다. 정부의 교육 정책이 올바르게 서고 공교육 그리고 그에 따른 사교육도 변화되었으면 하는 바람이다.

우리 아이 꿈에 관심 두기

장기적인 관점에서 변화가 올바른 길로 가기 위해 누구보다 교육 정책에 관심을 가져야 하는 것도 부모님과 선생님 그리고 시민들이 해야 할 일이다. 하지만 지금 당장 현실에서 가장 중요한 인성교육, 우리 아이의 특별함, 재능, 꿈을 찾아주려는 노력의 몫은 부모에게 있다. 사실 부모밖에 없다고 해도 과언이 아니다. 부모님들의 사정도 만만치 않지만 말이다.

실제 학부모님들과 상담을 하다 보면 근무지 때문에 주말부부로 사시는 경우도 많다. 회사 일이 바빠 오로지 이모님의 손에만 아이를 맡기는 분도 계셨다. 또 사춘기가 와서 아이와 더는 소통이 되지 않는다는 분들도 정말 많다. 하지만 급한 일과 중요한 일 중에 어떤 것이 더 우선적인 가치인가 생각해보자. 당장 먹고사는 일은 급한 일이고, 우리 아이의 지혜롭고 행복한 미래를 위한 노력은 중요한 일이다.

수백 명의 학생과 학부모님을 만나오면서 절실하게 느낀 바가 있다. 아이들만 보면 각각 너무나 다르게 보이지만, 부모님과는 똑같이 닮아 있다는 것이다. 보통 상담을 유선으로 진행하기 때문에 외모는 모르겠지만, 기본적인 생각과 말투까지도 어머님을 빼닮은 경우가 많다. 학년, 거주 지역, 가정환경과 관계없이 아이들은 정말 신기하게도 부모님의 생각과 태도를 그대로 보여준다. 부모님이 가치를 크게 두는 것과 관심을 갖는 것에 아이의 가치와 관심이 자연스럽게 따라오게 된다. 부모가 먼저 꿈, 인성, 미래에 관해 관심을 갖느냐 그렇지 않으냐에 따라 아이의 생각도 만들어지는 것이다.

중학교 2학년인 경재는 친구들 사이에서 별명이 무법자다. 수업 시간에 열심히 공부하는 다른 친구들을 놀리고 방해한다. 혼을 내도 소용이 없고 죄송하다고 말을 하지만 행동은 늘 똑같다. 숙제를 해오지 않거나 시험을 통과하지 못해 나머지 공부를 시켜도 절대 하지 않는다. 외국에 오래 살다 와서 영어에 대한 자신감이 넘친다. 같은 학교 친구들의 말에 의하면, 학원은 물론 학교에서도 이미 포기한지 오래인 아이라고 했다. 그런 경재가 늘 버릇처럼 하는 말이 있었다.

"성적 잘 받아올게요. 그럼 되잖아요? 제가 100점 맞아올 수 있다고요."

아이의 행동에 대해 걱정스러운 마음으로 경재 어머님에게 전화를 드렸다. 아이에 대한 말을 막 꺼내려고 하는데 어머님께서 말씀하셨다.

"아시죠? 경재는 영어 잘하는 아이니 스트레스 주지 말아주셨으면 합니다. 시험 결과로 속 썩이는 일은 없을 거예요." 아이의 태도와 행동에 관해 이야기를 꺼내자 단호하게 말씀하셨다. "경재 아빠가 L그룹 임원이세요. 새벽에 일어나는 아빠 따라 일어나서 씻고 공부한답니다. 저를 꼭 안아주고 나가요. 바른 아이예요. 성적 잘 나올 거예요."

어머님과의 통화로 경재가 하는 행동의 이유를 알 수 있었다. 아이는 그저 어머님의 가치관에 따라 살고 있었다. 아이는 커갈수록 점점 외부에서 많은 영향을 받는다. 하지만 여전히 아이의 마음속 깊이 뿌리내린 생각과 습관 태도는 부모님에게서 온다는 것이다.

반면 같은 학교 다른 친구 동윤이는 아직은 공부를 잘하지 못하지만, 얼굴이 늘 명랑하다. 어머니 생각에 동윤이에게 가장 중요한 건 하루하루 건강하고 즐겁게 사는 것이라 했다. 고정관념이긴 하지만 남자아이답지 않게 집에서 요리하는 것을 좋아해서, 주말에 요리 클래스에 보내주기 시작했다는 것이다.

처음에는 다른 아이들은 다 공부하러 학원 다니느라 바쁜데, 한가하게 요리를 시켜도 되나 싶었다고 하셨다. 하지만 아이가 셰프라는 꿈을 갖고 나서 오히려 더 활력 있게 생활하는 모습을 보니 아이의 아빠도 좋아했다고 하셨다. 만일 네가 무슨 벌써 요리를 공부하냐며 다그쳤다면, 아이의 마음은 어땠을까. 또는 공부 열심히 해서 좋은 점수 받아야지, 무슨 어린 애가 요리냐고 이야기했다면 어땠을까.

꿈과 비전의 대화 나누기

부모로서 우리 아이 교육에 있어 무엇이 중요한지 깊이 생각해보자. 다시 말하지만, 아이는 결국 부모의 생각에 따라 자란다. 너도나도 맞을 수 있는 영어 점수 100점보다 옆 친구보다 조금 더 유창한 영어 실력보다 중요한 것이 있다. 바로 우리 아이의 재능과 흥미와 꿈이 무엇인지에 관심을 두는 것이다. 아이와 생각을 나누는 나순한 대화와 열린 마음을 가졌을 때 비로소 가능한 이야기다.

강사진이 좋은 학원, 공부 잘 하는 아이들이 모여 있는 곳, 아이에 대한 꼼꼼한 학습 관리도 중요하다. 하지만 더욱 중요한 것은 자녀와 꿈과 비전에 관한 이야기를 나누어보는 것이다. 학교에서 그리고 학원에서 배우는 영어가 단순히 언어가 아닌 꿈의 도구가 될 수 있도록 말이다. 이는 부모의 역할이자 특권이다. 우리 아이의 꿈에 관심을 기울이자.

Part 2
하루 10분 하브루타
엄마표 영어 공부법

영어 하브루타,
하루 10분으로 시작한다

진짜 공부 '하브루타'를 만나다

첫 직장 업무는 전자제품의 재고 물량을 관리하는 일이었다. 온종일 모니터에서 숫자들과 씨름하는 것이 적성에 맞지 않고 너무 힘들게만 느껴져 포기하고 말았다. 반면 교육 분야 일에서는 늘 새롭게 배움을 향해 달려가는 사람들과 만난다는 것이 보람된 일이라는 것을 느꼈다. 특히 강사로서 내가 직접 가르쳤던 아이들은 더 예쁘게 보여 감사했다. 물론 어느 직업에나 고충이 있듯이 아이들과 함께 하는 것은 많은 에너지가 필요하다. 하지만 아이들은 여전히 제각각의 모두 다른 모습으로 사랑스럽다.

그런데 이렇게 해맑고 사랑스러운 아이들이 서서히 변해가는 모습을 보게 된다. 특히 학생들이 인상을 쓰고 한숨을 쉴 때, 자신과 세상에 대해 부정적으로 이야기할 때, 작은 일에 좌절하고 포기할 때 마음이 아프다. 평소 예뻐하던 아이가 담배를 피우거나 술을 마셔서 징계를 받았다는 이야기를 들을 때 화가 나기도 하고 한편으로 안쓰럽기도 했다.

　이런 아이들과 마주하면서 늘 생각하고 고민해왔다. 어떻게 하면 우리 아이들이 밝고 건강한 아이로 행복하게 공부해나갈 수 있을까? 어떻게 하면 우리가 지금 당장 바꿀 수 없는 교육 환경 속에서도 지금 이 시대에 필요한 진짜 공부를 해나갈 수 있을까? 처음에는 수업을 재미있게 하는 방법을 연구했다. 아이들의 눈높이에 맞추어 보기 위해 평소에 전혀 관심 없는 아이돌 이름도 외워보고, 화제가 되는 유튜버의 영상도 보았다. 시험을 잘 보게 해주고 싶어 학교 시험지를 분석해서 나만의 자료도 만들었다. 끓어오르는 열정으로 따로 학생을 불러 가르쳐주기도 했다. 나름대로 의미 있는 노력이었지만 해결 방안으로는 부족하다고 느꼈다.

　그래서 교육 서적을 읽기 시작했다. 4차 산업혁명에 따른 교육의 변화, 영어 공부법, 입시전략, 유대인 공부법, 대안 교육에 관한 책들을 읽어나갔다. 책만으로는 부족함을 느껴 강의까지 들었다. 그렇게 '하브루타'에 대해 처음 접하고 강의를 들으며 실습했다. 사실 나름대로 생각을 즐겨 하며 호기심과 질문이 많은 사람이라고 생각해 왔는데, 막상 실전에서는 달랐다. 늘 배워왔던 방식과는 다른 학습이었기에 적응하는 데 시간이 필요했다. 질문을 떠올리기 쉽지 않았고, 비판적으로 생각해보고 상상하며 말하는 것도 어색했다.

영어에 하브루타를 더하기

거대한 앎보다는 작은 실천이라는 생각이기에 영어 수업에 적용해나갔다. 나 혼자 재미있게 가르치고 이야기하는 원맨쇼가 아니라, 아이들이 주가 되는 수업을 만들기 위해 노력했다. 아이들이 소리 높여 같이 입을 떼고 읽기, 아주 작은 질문이라도 만들어 발표해보기, 배운 지식을 친구에게 정리해서 가르쳐보기, 영어 지문 내용에 관한 미니 찬반 토론으로 시작했다. 초등학생들은 물론이며 중학생 아이들도 즐거워했다. 어떻게든 질문을 만들어 내려고 안간힘을 쓰는 학생들의 모습에 모두가 함께 웃었고, 재미있는 질문들이 많이 나왔다.

중학생들의 경우 배워야 하는 분량이 있어서 모든 시간을 하브루타 방식으로 할애할 수는 없었다. 하브루타 수업은 적은 내용을 더욱 깊이 있게 공부하는 방식이기 때문이다. 짧게는 5분 많게는 20분 정도 하브루타 수업을 진행해나갔다. 목표는 아이들이 일방적으로 듣고 적는 것이 아니라, 스스로 생각하고 입을 떼고 말로 혹은 글로 표현하는 것이다.

다른 선생님들에게도 하브루타에 관해 이야기했지만 크게 관심이 없었다. 한두 시간 수업으로 뭐가 크게 바뀌겠냐며, 근본적으로 공교육 정책이 바뀌어야 한다는 의견이었다. 일리 있는 말이다. 하지만 우리가 당장 할 수 있는 것과 아주 작더라도 꾸준히 실천할 방법을 만들어가는 것에 집중하는 것이 현명한 선택이 아닐까. 이는 선생님뿐 아니라 부모님에게도 마찬가지다.

하루 10분, 영어 하브루타

요즘 부모님들은 정말 바쁘시다. 곧 워킹맘이 될 예정이라 상황이 충분히 이해가 간다. 하지만 주도적으로 아이와 소통하는 시간만큼은 꼭 확보하는 것이 필요하다. 아이와의 소통과 교감은 단순히 양이 아니라 질이다.

SBS 〈영재발굴단〉에서도 화제가 되었던 세계적인 암센터 교수 래리곽 씨의 저서 《아이의 잠재력을 깨워라》에서는 자신의 양육 성공 비법으로 마법의 5분 퀄리티 타임을 소개한다. 퀄리티 타임이란 의미는 아이와 함께하는 시간이 긴 것이 중요한 것이 아니라 얼마나 깊게 교류하는 시간을 보냈는가이다. 사실 엄마표 영어로 아이를 데리고 가르칠 수 있다면야 너무나 좋지만, 현실적인 제약이 많다. 또한 아이가 밖에서 영어 공부하고 집에서 숙제하기도 벅찬데, 영어 공부를 더 한다는 것처럼 느껴질 수 있어 생각보다 시작이 쉽지 않을 수 있다.

하지만 잘 생각해보면 아이가 더 많은 숙제를 해가고 더 많은 양의 단어를 외워가는 것보다 중요한 것이 있다. 영어 공부가 왜 필요한지, 지금 내가 왜 영어 공부를 해야 하는지 학교나 학원에서는 가르쳐주지 않는다. 맹목적으로 점수를 쫓거나 부모님의 성화에 떠밀려온 아이들은 영어 공부의 가치를 절대 알 수 없다.

이러한 질문들은 아이에게 잔소리로 훈계하는 것이 아니라 스스로 생각할 기회를 주어야 한다. 더 유명하고 값비싼 영어학원이나 과외를 시켜주는 것보다 중요한 것은 영어 공부에 대한 아이의 마음가짐과 생각이기 때문이다.

많은 경우, 초등학생이나 늦으면 중학생까지는 엄마 말이라면 듣는 시늉만이라도 한다. 하지만 어느 시기가 지나고 나면 아이를 명령과 훈계로 통제하기 어려워진다. 아이가 어릴수록 하루 10분이라도 부모와 교감하고 소통해야 한다.

지금 당장 영어 실력보다 아이가 앞으로 잘하고 싶다는 마음, 영어가 내 삶에 도움이 될 것이라는 생각, 영어를 잘하는 멋진 나의 모습에 설레는 것, 영어를 잘해서 꿈꾸는 일을 하는 나의 모습을 상상하는 것, 영어 공부라 하면 부모님과의 행복한 추억이 떠오르는 것, 바로 그것이 결국 아이를 더 멀리 나아가게끔 한다.

하루 10분, 온전히 나의 아이에게 집중하는 시간으로 영어 하브루타를 시도해보자. 우리 아이의 생각하는 힘을 키우는 영어 하브루타를 위해 딱 10분만 따로 시간을 꼭 떼어 두자.

하브루타로
영어책을 읽는다

아이들이 책 읽기를 싫어하는 이유

땡동! 인터넷 서점에서 택배가 오면 설레는 마음으로 달려간다. 읽고 싶은 책들이 도착했기 때문이다. 출퇴근길에도 밥을 먹으면서도 때론 청소기를 돌리면서도 한 손에 책을 들고 읽는다.

하지만 이렇게 활자를 사랑하는 나도 사실 고등학교 때까지 읽는다는 것 자체를 싫어했다. 항상 언어영역 시험이 두려웠다. 읽는다는 것이 즐거움이 아닌 의무이자 평가를 받는 공부이기 때문이었다. 짧은 시 한 편을 읽어도 시에 몰입하기보다 정답이 무엇인지 찾아야 했다. 그리고 내 생각과 정답이 정말 다른 경우가 많았다. 한 번 내 생각에 빠지면 해설을 들어도 이해되지 않을 때가 많았다. 나는 언어적인 재능도 없구나. 수학 포기자에 이어 언어 포기자라고 스스로 칭했다.

얼마 전 수업시간에 영어로 예문을 만드는데, I hate(나는 싫어한다) 하고 뒤에 동명사를 활용하여 문장을 만들어 보라고 했다. 그랬더니 아이들이 정말 입이라도 맞춘 듯 하나같이 reading a book(책을 읽는 것)이라고 마무리했다. '나는 책 읽기를 싫어한다.'

아이들은 왜 책 읽기를 싫어할까? 요즘 책 읽기의 중요성을 모르는 학부모는 거의 없다. 영어책 전문 도서관들이 우후죽순 생길 정도로 영어책들이 넘쳐나는 세상이다. 인터넷에서도 일정 회비를 내면 e-book으로 영어책을 마음껏 읽을 수 있다. 이렇게 책을 접할 수 있는 환경이 매우 좋은데도 정작 아이들은 책 읽기를 싫어한다.

왜 그럴까? 이유는 단순하다. 재미없기 때문이다. 특히 요즘에는 스마트폰을 통해 유튜브나 SNS 그리고 모바일 게임처럼 자극적이고 재미만을 추구하는 영상을 자꾸 접하다 보니 책이 시시하게 느껴진다. 그래서 예전보다 책 읽기의 습관화가 더 쉽지 않은 것도 사실이다. 또한 아이를 매번 쫓아다니면서 스마트폰 세상에서 배제하는 일도 쉽지 않다. 하지만 이러한 영상들이 우리 아이의 시간과 마음을 빼앗도록 무방비 상태로 내버려둘 수만은 없다.

아이들이 영어책 읽는 것을 싫어할 수밖에 없는 다른 이유도 있다. 영어책을 읽고 공부하는 방법을 들여다보자. 학원이나 교습소마다 조금씩 다르긴 하지만, 여전히 많은 경우 선생님이 읽고 해석해주고 아이들은 열심히 받아 적는다. 혹은 CD나 원어민 선생님이 읽어주는 것을 듣고 선생님이 내용을 확인하는 질문을 한다. 여기에서 질문은 지문 안에 있는 내용 확인, 어휘, 문법 관련 내용이다. 끊임없이 읽고 해석하고 그에 대한 정답을 확인받는다. 책을 읽기 위해 영어를 활용하는 것이 아니라, 영어를 배우기 위해서만 책을 활용한다.

또 다른 이유는 아이에게 영어책을 읽고 완벽하게 해석하길 바라기 때문이다. 초등학교 5학년 빛나 어머님께서는 걱정스러운 목소리로 전화를 주셨다.

"빛나가 수업시간에 읽은 책인데도 해석이 안 돼요. 문제도 잘 풀고 내용을 알고 있는 것 같아 안심했는데, 정작 한 줄 한 줄 읽고 해석을 시켜보니, 더듬거리면서 한국말로 이야기를 못 하네요. 애가 공부를 덜 했나 봐요."

사실 단어 몇 개 몰라도 전체적인 내용의 흐름을 파악하고 이해하는 능력이 더 중요하다. 한국어로 매끄럽게 번역이 되어야 해석이 되었다고 생각하는 것은 아이에게 큰 부담이 될 수 있다. 영어를 잘하는 많은 사람도 한국말로 통역이나 번역을 매끄럽게 하는 것을 어려워한다. 물론 해석이 전혀 안 되는 어려운 구문은 따로 떼어 분석하며 읽는 것은 좋은 영어 학습 방법이다. 하지만 읽는 모든 텍스트를 완벽하게 해석하려고 하는 것은 영어책 읽기에 부담을 갖게 하는 원인이 된다.

영어보다 중요한 책 읽기

영어책 읽기에서 '영어'도 중요하지만 '책 읽기'에 무게를 두는 것이 좋다. 영어책 읽기를 권장하면, 많은 학부모님께서 책을 추천해달라고 하신다. 그러면 평소에 지켜보았던 아이의 관심사나 성향에 맞게 그리고 생각할 거리가 있는 책을 추천해준다.

하지만 많은 학부모님은 영어책 내용보다는 아이의 실제 영어 수준보다 훨씬 더 어려운 영어 텍스트를 원하신다. 도전되는 수준의 영어책을 읽어야만 영어 실력이 향상된다고 생각하기 때문이다. 조금 더 쉽고 재미있게 읽을 수 있는 책을 추천해드리면 간혹 화를 내는 어머님들도 있다. 우리 아이의 수준을 너무 낮게 평가하는 것은 아닌가 하면서 말이다.

물론 무조건 쉬운 영어책만을 계속 읽어야 한다는 것은 아니다. 그러나 아이가 책의 그림과 내용에 집중하면서 충분히 생각할 수 있게끔 하려면, 아이의 실력에 맞는 혹은 조금 낮은 수준의 영어책도 잘 활용할 수 있다는 것이다. 특히 영어책을 막 읽기 시작한 경우라면 더욱 그렇다. 영어 공부를 위해 책을 펼치는 것이 아니라, 책이 궁금해서 영어로 읽는 상황이 되어야 한다. 책 내용이 재미있을뿐더러 자신이 영어를 잘한다고 느껴야 영어책 읽기에 재미가 붙는다.

하브루타로 영어책 읽기

책을 생각의 도구로 활용해야 한다. 책 내용을 활용해서 상상해보고, 추측해보고, 주인공 관점에서 공감해보고, 나라면 어땠을까 생각해보고, 질문해보고, 의심해보고, 반박해보는 것이다. 책을 어떻게 읽고 활용하느냐가 가장 중요하지만, 아이들이 처음부터 스스로 해나가기는 어렵다. 이러한 과정을 부모인 우리가 이끌어주는 것이 바로 하브루타다.

영어책 읽기 하브루타에 관해 가장 많이 받는 질문들이 있다. "영어 하브루타라 하면 영어로만 해야 하는 건가요?" "부모인 제가 영어를 잘하지 못하는데, 어떻게 할 수 있을까요?" "우리 아이가 아직 영어로 말하는 실력이 안 되는데, 영어 하브루타가 가능할까요?" 영어책 읽기 하브루타는 반드시 영어로만 진행되어야 하는 것은 아니다. 전문 교육기관에서 영어를 지도하는 경우에는 아이들의 실력과 성향에 따라 100% 영어로 혹은 한국어로 맞추어 수업을 구성할 수 있다.

하지만 영어로만 진행할 경우, 아이가 하고 싶은 말의 표현에 제약이 생길 수 있다. 또한 영어로 이야기해야 한다는 압박감 때문에 생각의 문을 닫아버릴 가능성도 있다. 만일 부모님이든 아이든 영어로 이야기해야 한다는 그 자체에 부담을 느낀다면, 영어책 읽기의 부담을 가중하는 것과 같다. 이 경우에는 쉬운 레벨의 영어책을 같이 읽고 한국말로 진행하는 것이 더 좋다. 정해진 기준이 아니라 자신의 리듬대로 시작하는 것이다.

그러므로 부모인 내가 영어를 잘하지 못한다며 주저할 필요가 없다. 처음부터 완벽한 하브루타 질문을 모두 진행하지 않아도 된다. 아이가 부모님과 앉아서 영어책을 단 한 줄이라도 읽고 대화하는 것이 즐거웠다고 느끼기만 해도 성공이다. 무엇이든지 거창하게 생각하고 완벽하게 마무리하려고 하는 생각이 실행을 가로막는다. 거대한 꿈과 계획보다는 작은 실천이 먼저다.

영어책 읽기 하브루타는 질문을 주고받는 것으로 시작한다. 처음에는 부모님이 질문을 던져줌으로써, 아이가 질문을 만들어내는 법을 자연스럽게 익힌다. 어느 정도 익숙해지고 나면 아이가 스스로 관찰하고 질문을 만들어낼 기회를 넘겨주자.

• 영어 하브루타 책 읽기 모형(하브루타 수업의 일반적 모형)을 영어책에 적용해본다.

1. 도입 하브루타

영어책의 표지, 삽화 그림, 책 제목, 수수께끼 등으로 주의를 집중시키고 책에 대한 흥미를 일으킬 수 있는 질문을 만들어 본다.

(표지나 삽화 그림을 보며), (제목을 가리고)

Can you guess the title of the book?

이 책의 제목을 추측해볼 수 있니?

What kind of story do you think it will be?

네 생각에는 어떤 이야기일 것 같아?

(그림을 자세히 보면서)

What can you see in the picture?

이 그림에서 너는 무엇을 볼 수 있니?

Where are they?

그들은 어디에 있지?

Why are they here?

그들은 여기에 왜 있을까?

What are they doing?

그들은 무엇을 하고 있을까?

Can you think of any questions about the picture?

이 그림에서 어떤 질문들을 생각할 수 있을까?

(일러스트 예시: 바다에서 쓰레기 줍는 그림을 보며)

Have you been to the sea?

바다에 가본 적 있니?

When did you go?

(바다에) 언제 가보았니?

Was it fun? Why?

재미있었니? 왜 재미있었니?

Why do you think they are picking up the trash?

네 생각에는 그들이 왜 쓰레기를 줍는다고 생각하니?

What other things can we do for our environment?

환경을 위해 우리가 할 수 있는 다른 것들은 무엇일까?

영어책을 소리 내어 신나게 읽는다.

(더러운 바다에서 쓰레기를 줍는 봉사 활동 이야기)

2. 내용 하브루타

책을 읽은 내용에 대한 질문을 주고받는다. 책 내용에 대해 육하원칙에 의해 간단히 이해를 확인하거나 오감을 활용하는 질문을 만들 수 있다.

• 육하원칙에 의한 질문

Who made the sea dirty?

누가 그 바다를 더럽게 만들었니?

When did they go to the sea?

그들은 바다에 언제 갔니?

What did they do at the sea?

바다에서 그들은 무엇을 했니?

• 오감을 이용한 질문

What kind of sound can you hear?

무슨 소리가 들리는 것 같니?

3. 상상 하브루타

상상력을 키워주는 질문으로 '만약 ~라면 어떨까?'라는 유형의 질문이다. 혹은 옳고 그름의 가치에 관해 이야기를 나누어봐도 좋다.

How would you feel if you were Sora in the story?

네가 이야기 속 소라라면 무슨 느낌일까?

What would you do if you were Sora in the story?

네가 이야기 속 소라라면 어떻게 할래?

Why do you think Sora picked up all the trash?

네 생각에는 왜 소라가 모든 쓰레기를 다 주었을까?

Do you think it is okay to make the sea dirty?

네 생각에는 바다를 더럽게 만드는 것이 옳은 걸까?

4. 적용 하브루타

나의 경험을 꺼내어보고 일상생활에서 실천하는 방안을 생각해
본다.

Have you joined a volunteer program?

너는 봉사 활동 해본 적 있니?

What kind of volunteer program did you join?

어떤 봉사 활동 해보았니?

What is the meaning of 'volunteer' for you?

네게는 봉사라는 것의 의미가 무엇이니?

Why do we need volunteer work?

우리는 왜 봉사 활동이 필요할까?

What can we do to make the sea clean?

우리는 바다를 깨끗하게 하려면 무엇을 할 수 있을까?

What will you do in your everyday life to make the sea clean?

바다를 깨끗하게 하려면 일상생활에서 무엇을 할 수 있을까?

5. 표현 하브루타

자기 생각을 표현하는 간단한 활동을 해본다.

Lct's design a project to make the sea clean.

바다를 깨끗하게 만들기 위한 프로젝트를 만들어보자.

예시 1)

Write an article about a volunteer program at the sea.

바다에서의 봉사 활동에 관한 기사 작성하기

예시 2)

Write a campaign phrase to invite people to the volunteer program.

봉사 활동 참가자를 모집하는 캠페인 문구 써보기

예시 3)

Design an environment-friendly product, and make the advertisement.

친환경 제품을 디자인하고 광고 만들기

6. 종합 하브루타

책 읽기를 마무리하고 책에 대해 스스로 평가해보고 이유를 생각하게끔 한다.

What did you learn from the book?

책을 읽고 무엇을 배웠니?

Let's make three questions about the book.

책에 대한 세 가지 질문을 만들어보자.

Did you like the book? Please rate the book by giving stars.

You can give one to five stars. Five is the best score.

네가 읽은 책이 좋았니? 네가 좋았던 만큼 책에 별을 줘.

1부터 5까지 줄 수 있어. 5가 최고 점수야.

Why did you give that score?

Do you have any special reason?

왜 그 점수를 주었니? 특별한 이유가 있니?

Next time, which book do you want to read?

다음번에는 어떤 책을 읽고 싶니?

영어 하브루타로
진학과 진로를 대비한다

영어 공부 성공의 의미

　평범한 영업사원에서 MBC 스타 PD가 된 김민식 저자의 책《영어책 한 권 외워봤니?》를 보면 영어가 주는 세 가지 즐거움에 대해 나온다. 바로 여행, 독서 그리고 연애다. 한국외국어대학교 통번역대학원을 졸업하고 평생 영어 공부를 즐기는 그가 말했다. 영어 공부로 마음껏 세계여행을 할 수 있는 자유를 누리고, 영어로 된 책을 읽으면서 가보지 못한 미지의 세상을 즐기고, 영어로 자신감을 얻어 화려한 연애를 시작했다.

　김민식 저자님에 비교할 바는 아니지만, 나도 비슷한 경험이 있다. 한국에서 태어나고 자라 교과서와 수능 문제풀이로 영어를 배웠다. 영어 점수는 나쁘지 않은 편이었지만, 영어로 자유롭게 말할 수 있다는 건 마치 꿈만 같았다. 한국외국어대학교에 입학하니 대부분 학생이 영어를 유창하게 잘했다. 가끔 캠퍼스에서 영어가 들리면 나도 모르게 뚫어지게 쳐다보았다. '나도 저렇게 영어로 말하고 싶다.'라는 생각으로 영어 공부를 시작했다.

1년 동안 영어 공부에 완전히 몰입하다 보니 어느새 영어로 듣고, 말하고, 쓰고, 읽어가는 나 자신을 발견했다. 그 후로 학교에서 외국인 친구들과 함께하는 원어 수업에 참여할 수 있었다. 영어 과외를 해달라고 하는 사람들이 생겨나고, 통역으로 아르바이트도 할 수 있게 되어 용돈 벌이를 시작했다. 영어 면접에 통과하여 각종 해외 탐방프로그램, 해외 봉사를 무료로 다녀올 기회들도 생겼다. 외국인 친구들도 많이 생겼고, 외국으로 대학원을 갈 수 있었던 것도 쌓아놓은 영어 실력 덕분이었다. 완벽한 영어 실력은 아니지만, 스스로 영어 공부에 성공한 거라고 생각할 수 있었다.

우리는 모두 각자 영어 공부의 성공에 대한 기준과 의미가 다르다. 하지만 일반적으로 영어로 인해 다양한 기회가 생기는 것, 내가 원하는 것을 선택할 수 있는 것, 그리고 그것으로 인해 나의 삶의 질이 높아지는 것이 영어 공부의 성공이라고 정의한다.

만일 자녀가 학생이라면 영어 공부 성공의 의미가 무엇일까? 일단 영어 시험 성적이 좋아 원하는 상급학교나 전공과목을 선택할 수 있는 것 그리고 나를 알아가고 내가 하고 싶은 일에 대해 깊이 생각할 수 있는 사고력을 배양하는 것이다. 다시 말해, 영어 공부가 진학과 진로에 도움이 되어야 한다. 학생에게 영어 실력이 영어 시험 성적만을 의미했었다면, 이제는 아니다. 기본적인 영어 시험공부에 본인의 꿈을 찾아가는 활동이 더해져야 한다. 아이들에게 공부의 부담이 가중되는 것이 아니냐 반문할 수 있다. 차라리 시험만 잘 보면 되는 옛날이 나았다고 말씀하시는 분들도 있다. 게다가 오지선다형 수능시험의 비중이 다시 커진 것이 다행이라는 의견도 있다.

하지만 이는 우리를 둘러싼 사회 환경의 변화에 대해 이해한다면 전혀 반가워 할 일이 아니다. 전 세계적으로 세상은 빠르게 변화하고 있는데, 교육이 그의 속도에는 맞추지 못하더라도 방향만큼은 맞추어서 가야 하기 때문이다. 정답 맞히기가 아닌 해답을 찾아내는 교육 방향으로 말이다.

학생의 관점에서 더 현실적으로 묘사해보자. 시험 공부도 해야하고 자신이 좋아하는 일을 찾아 경험 쌓기도 해야 한다. 영어책 읽기와 의사소통 능력 배양이 중요하지만, 학교 객관식 영어 시험을 포기할 수 없다. 그렇다고 학교 시험에만 몰두하면 학교 간판은 딸지 몰라도 직업의 세계에서 오랜 시간 방황하거나 낙오할 위험도 있다.

이를 지혜롭게 풀어갈 방법이 무엇일까? 우리가 해야만 하는 암기, 영어 시험공부를 하되, 그 공부 과정에서 생각하는 힘을 같이 길러주는 것이다. 이에 대한 중요성을 인식시켜주고, 방법의 길로 안내해주는 주도자는 부모님이 되어야 한다. 수업은 영어 교육기관에 위임하더라도 교육에 대한 가치관과 기본 방향은 부모님이 주도권을 가져야 한다.

그리고 영어 교육기관에 보내더라도 부모님도 함께 충분히 영어 하브루타를 도전할 수 있고 그래야만 한다. 영어 그림책 하나만으로도 자녀와 시간을 보낼 수 있다. 물론 뛰어난 영어 실력과 풍부한 티칭 기법이 있다면 도움이 될 수도 있다. 하지만 그보다 더 중요한 것은 영어 하브루타의 취지를 이해하고 조금씩이라도 꾸준히 실천하는 것이다.

진학과 진로에 도움이 되는 영어 하브루타

그렇다면 영어 하브루타가 우리 아이의 입시와 진로에 도움이 되는 이유는 무엇일까.

첫째, 영어 하브루타 독서로 다양한 경험을 쌓을 수 있다. 하브루타로 공부하는 영어책 그 자체도 도움이 된다. 또한 영어 하브루타를 통해 책 읽는 것 자체에 대해 흥미를 갖게 해준다는 것이다. 책을 읽는 지혜로운 방법을 터득한다. 아이가 책 읽기에 흥미가 생기면 자연스럽게 다양한 분야의 여러 책을 읽게 된다.

다양한 분야의 여러 책을 읽는다는 것은 내가 가보지 못한 세계에서 다양한 경험을 쌓는다는 말과 같다. 그렇다면 다양한 경험은 왜 중요할까. 우리는 다양한 경험 속에서 나다운 나를 발견할 수 있기 때문이다. 경험을 통해 나는 어떤 것을 좋아하는지, 어떤 것이 맞지 않는 사람인지 알아갈 수 있다. '여행은 서서 하는 독서요, 독서는 앉아서 하는 여행이다'라는 글귀를 본 적이 있다. 여행과 독서는 모두 경험이다. 직접 해외여행을 갈 수도 있지만, 책을 통해 여행할 수 있다. 책을 통해 다양한 사람을 만나고 다른 세상을 접하며 많은 상황 속에 주인공이 아닌 3인칭인 나와 마주한다.

외국계 회사에서 애플리케이션 개발자로 일을 하다가 얼마 전

업계 사람들과 함께 스타트업을 창업한 친구가 있다. "네가 프로그래머로 처음 꿈을 꾸기 시작한 게 언제였어?"라고 물었다. 그 친구는 즐겁게 일을 하는 편이고 다니던 직장에서도 인정을 많이 받았기에 더 궁금했다.

"초등학교 5학년 때인가, 엄마랑 같이 동네 서점에 자주 갔었지. 여러 책을 읽다가 컴퓨터에 관한 책을 우연히 봤어. 그때부터 컴퓨터에 관해 관심을 두기 시작했던 것 같아."

당시 내 친구의 부모님께서는 조그마한 반찬 가게를 운영하셨고 주변에서 컴퓨터 관련 일을 하는 사람을 만날 기회는 없었다. 또한 그때는 애플리케이션 개발자라는 직업도 없었다. 하지만 그 친구는 책을 통해 새로운 세상을 만났고, 당시에는 존재하지도 않았던 새로운 일을 하게 된 것이다.

둘째, 영어 하브루타로 언어능력을 배양할 수 있다. 수업시간에 4차 산업혁명이나 인공지능에 관련한 이야기가 나오면 꼭 듣게 되는 질문이 있다. "인공지능이 통역을 다 해줄 텐데, 우리가 꼭 힘들게 영어 공부를 해야 하나요?" 언어능력이라는 것은 단순히 한 언어를 다른 언어로 바꾸는 데에 있지 않다. 우리가 흔히 생각하는 통역과 번역도 단순히 언어를 변환하는 작업이 아니다. 문화의 차이 그리고 미묘한 차이의 뉘앙스까지도 고려해야 하는 섬세한 기술이다.

더욱이 언어는 문화를 반영하고 사람들은 언어를 통해 교감을 형성하기에 기계의 도움을 받을 수는 있어도 기계로 대체가 되기는 어렵다. 오히려 커뮤니케이션으로서의 영어, 다시 말해 듣기,

읽기, 쓰기, 말하기 능력의 필요성은 점점 더 커질 것이다.

그러므로 우리 아이들은 영어 하브루타를 통해 영어를 내 생각을 표현하는 도구로서 접할 수 있어야 한다. 영어 하브루타에서는 더욱 경청해서 상대의 말을 듣는 법, 내 생각을 말과 글로 표현해 내는 법을 자연스럽게 익히게 된다. 특히 영어 텍스트를 읽고 이해해야 하므로 영어의 4대 영역이 골고루 향상될 수 있다.

영어책 읽기 하브루타를 통해 독해력을 향상시킬 수 있는 것도 큰 장점이다. 영어 읽기 수업을 진행하다 보면 한글로 해석은 되는데 정작 내용을 이해하지 못하는 학생들이 많다. 영어 단어도 알고, 문법도 알고, 구문도 알아 해석이 되는데 한글로 무슨 말인지 모르겠다는 것이다. 문장 해석과 문장을 이해하는 것은 다르다. 문해력이 부족한 것이다. 또한 문장을 이해하는 것과 글의 전반적인 내용을 인지하는 것도 다르다. 영어 하브루타를 통해 깊이 있는 책 읽기를 하면 문장을 해석하고 이해하고 지문의 내용까지 파악해내는 데 도움이 된다.

셋째, 영어 하브루타를 통해 생각하는 힘, 사고력을 기를 수 있다. 이제 우리는 정답을 찾는 것은 기계가 충분히 더 잘할 수 있다는 것을 안다. 이미 우리가 하는 일이나 주어진 과업을 빠르게 효율적으로 하는 사람은 넘쳐난다. 하지만 우리 사회에 꼭 필요하고 유용한 색다른 무언가를 만들어내는 사람은 희소하다. 이러한 사람들이 바로 기업에서 말하는 창의적인 인재다.

물론 과학 기술에 대한 이해와 컴퓨터 능력은 무언가를 만들어 낼 수 있는 중요한 도구다. 하지만 생각하는 힘이 선행되어야 한다. 나는 어떤 사람인지 경험하고 생각해야 내가 일을 할 분야를 찾아갈 수 있다. 내 주변 사람들과 우리 사회가 지금 어떤 고민을 갖고 어떤 마음을 가지고 살아가는지 알아야 문제를 발견할 수 있다. 내가 일하는 분야에서 어떤 능력을 키워서 어떠한 문제를 해결하는 상품이나 서비스를 만들어낼 수 있을까를 고민할 수 있는 사람이 되어야 한다. 이것이 바로 우리 아이들이 길러내야 할 생각하는 힘이다. 생각하는 힘을 기르는 공부법에 관해 관심을 가져야 한다. 영어 공부에 하브루타를 더하여 질문하는 능력과 습관을 길러주는 것이다.

　나의 꿈을 만나려면 자신에게 수많은 질문을 던져야 한다. 생각하는 힘은 아주 작은 질문에서 출발한다. 영어 하브루타를 통해 우리 아이 안에 생각과 질문이 자리 잡도록, 사고력이 강한 아이로 길러주자.

영어 공부 로드맵에
하브루타를 더한다

대한민국 교육의 방향, '꿈과 끼'

대한민국의 입시제도가 변덕스럽게 느껴진다고들 하신다. 정권이 바뀌거나 사회적인 이슈가 생기면 그에 맞추어 변화해왔기 때문이다. 《심정섭의 대한민국 입시제도》라는 책에서는 입시제도가 이런 방향 저런 방향에 흔들리다 보니, 결국 이도 저도 아닌 상황이 되었다고 이야기한다. 마치 더 예뻐지기 위해 계속 이곳저곳 성형을 하다가 결국 조화를 이루지 못하는 이상한 얼굴이 되는 것처럼 말이다.

얼마 전 고위 정치인의 자녀 부정입학 논란이 거세어진 이슈를 계기로 결국 수능의 중요성이 다시 높아졌다. 대학에 입학하는 관문은 특별전형을 제외하고 크게 수능과 학생부 종합전형으로 구분된다. 수능은 모두가 아는 바와 같이 영역별로 주어진 문제를 풀고 정답을 고르는 것이다. 반면 학생부 종합전형은 학교생활기

록부를 기초로 하여 자기소개서와 면접을 통해 학생을 선발하는 방법이다. 수능은 학생의 논리력, 사고력, 독해력과 같이 공통적이고 기본적인 수학능력 역량을 같은 기준으로 평가한다. 그렇기에 과연 수능 비중 강화가 더 공평하고 바람직한 흐름일까?

전 세계의 흐름과 대한민국 교육이 결국 가고자 하는 방향, 아니 가야만 하는 방향은 '효율성'이 아니라 '창조성'이다. 성적에 맞추어 입학하는 학생이 아니라 진로와 전공에 대한 열정을 가진 학생을 선발해야 한다. 지금으로부터 10년 20년 전, 아니 어쩌면 지금까지도 오직 점수에 맞춰 자신의 전공을 선택하는 경우가 많다. 이와 같은 현실을 타개하고자 정부에서 기획한 우리나라 교육과정의 기본 방향의 키워드는 '꿈과 끼'다. 학생들이 각자만의 꿈을 찾고 끼를 발산하게 하여 자신만의 길을 찾아가게끔 하기 위해 나온 제도가 학생부 종합전형이다. 모두가 같은 곳을 향해 가는 것이 아니라, 나만의 길을 갈 수 있게끔 하고자 하는 것이 취지다.

하지만 안타깝게도 실제 교육현장에서와 정책의 괴리감이 있었고, 비리 입학 문제도 터지며 신뢰성을 잃었다. 그렇지만 우리나라 교육 방향의 큰 줄기는 '꿈과 끼'라는 방향이며, 이것이 앞으로 우리 아이들이 살아갈 시대의 인재양성의 흐름이다. 요즘 4차 산업혁명에 따른 사회의 큰 변화에 대해 많이 알려져 있기에 학부모들은 이에 대해 인지하고 있다. 하지만 유독 입시에서만큼은 우리가 겪어온 방식 그대로 생각하게 되는 경우가 많다.

학생부 종합전형은 자신의 진로 방향에 따라 관련된 지식을 쌓고 다양한 경험을 축적한 기본 소양을 갖춘 학생을 선발하고자 한다. 꼭 입시가 아니더라도 입시와 진로가 연결되게끔, 자신만의 삶을 살아갈 수 있도록 이끌어주어야 한다. 1등이라는 Best One보다 유일한 Only One으로 자신의 가치를 키워갈 수 있게끔 말이다. 그러므로 어렸을 때부터 독서와 다양한 체험 활동, 기본적인 언어능력을 배양하여 진로 방향을 찾아갈 수 있도록 해주는 것이다. 단순히 입시를 위한 포트폴리오가 아니라, 이 과정에서 실제로 배우고 깨달아 입시와 나만의 진로를 연결하는 것이 핵심이다.

과정 중심평가, 학생부 종합전형

우리 아이의 공부 방향도 이러한 변화하는 현실에 대한 이해를 바탕으로 생각해야 한다. 그렇다면 어떻게 하브루타 공부가 학생부 종합전형에 도움이 될 수 있을까. 가상의 한 학생을 통해 학생부 종합전형의 한 사례를 보자.

초등학생인 영수는 부모님과 함께하는 영어 하브루타를 통해 질문하는 습관을 갖게 되고 스스로 생각하는 법을 배웠다. 다양한 책을 읽고 뉴스를 보다가 외교관이라는 직업에 관심을 가졌다. 외교관은 어떤 일을 할까 질문했다. 그리고 궁금해서 인터넷으로 찾아보았다. 중학교에 입학한 영수는 자유 학년제 활동으로 진로 체험 활동을 한다. 체험 활동 안에서 계속해서 스스로 질문을 던진다. 외교관이 되려면 어떤 능력을 갖춰야 할까. 부모님과 대화를 통해 서희 장군의 책을 읽는다. 외교관이 되려면 외국어를 두 개 정도는 해야 하므로 외국어고등학교 제2외국어 전공을 목표로 공부한다.

고등학생이 된 영수는 실제 외교분쟁 사례인 독도 문제에 관심을 두고 객관적으로 양쪽의 입장을 분석해보고 학교 동아리를 만들어 탐구 보고서를 작성한다. 영수는 외교관이라는 꿈을 향해 공부했던 열정과 다양한 관련 경험을 통해 배우고 깨달은 영수만의 이야기를 엮어 포트폴리오로 만든다. 원하는 대학교와 관련 학과에 학생부 종합전형을 통하여 입학에 성공한다.

졸업 후 실제 외교관이 되거나 혹은 국제관계에 관련한 업무를 한다. 대학교 때 더 폭넓은 공부를 하고 여러 가지 경험을 하면서 진로를 변경한다 해도 문제는 없다. 그것은 나에 대해서 더 깊이 알게 되었다는 증거다. 아이는 이 과정에서 스스로 질문했을 것이며 자신만의 길을 걷고 자기만의 이야기 만드는 법을 배웠기 때문이다.

학생부 종합전형의 본질은 과정 중심의 평가다. 이러한 과정에서 질문하고 다르게 그리고 깊이 생각하는 힘이 필수다. 스스로 질문하고 생각하지 않으면, 다른 친구들과 똑같은 방향으로 같은 방식으로 걸어가게 된다. 설사 그 길이 우리 아이와 전혀 맞지 않는 길이라 해도 말이다.

영어 공부에 하브루타 더하기

부모 생각의 변화 그리고 작은 실천이 먼저다. 물론 기본적인 학업 공부가 필요하다. 하지만 단순한 지식을 암기하는 것과 암기한 내용으로 정답을 맞히는 공부에만 머무르지 말자. 당장 하던 공부를 멈추고 방향을 180도 바꾸는 것이 아니라, 우리가 해야 하는 공부에 하브루타를 더하자는 것이다.

영어 공부도 마찬가지다. 우리 아이 영어 공부의 단계에서 얼마나 발음이 유창한지, 얼마나 어려운 수준의 글을 빨리 읽는지, 얼마나 많은 단어를 암기하고 있는지가 전부가 아니다. 영어 공부 과정에서 하브루타를 활용하여 질문하는 힘, 생각하는 힘, 표현하는 힘을 길러주는 것이 중요하다. '어떻게 하면 우리 아이가 단순히 영어를 배우는 것에 그치는 것이 아니라 영어 공부 단계마다 생각하는 힘을 함께 길러 나갈 수 있도록 할 수 있을까.'라는 질문으로 시작하는 것이다.

사실 중학생 자녀를 둔 학부모는 고충을 토로한다. 학교 내신시험과 대학교 입학을 위한 수학능력시험이 여전히 암기하고 정답이 정해진 문제를 푸는 것이 아니냐. 하브루타 수업이 정말 좋은 것은 알지만 이상적인 것이 아니냐.

같은 학교에서 같은 영어 교과서 지문을 배우는 두 학생이 있다고 생각해보자. 한 명은 지문을 암기하고 문제를 많이 풀고 시험이 끝나면 홀홀 털어버리는 학생들이 있다. 사실 대다수 아이의 현실이다. 반면, 교과서 영어 지문에 질문을 던지는 아이들이 있다. 교과서 지문으로 자신의 관심사와 연결지어 자기소개서에 면접에 녹여낸다. 실제 올해 중학교 3학년이 된 학생의 이야기다. 영어 교과서 지문에 엄마가 모든 것을 해주는 아이에 대해 나온다. 그 내용을 보면서 주인공인 그 아이와 자신이 비슷한 부분이 많아

뜨끔했다는 것이다. 그렇다면 엄마가 아닌 내가 스스로 해야 할 일은 무엇일까. 질문하고 생각하면서 조금씩 독립심을 키워갔다는 이야기를 했다. 엄마와 늘 같이하던 공부를 스스로 하기 시작했고 엄마가 없을 때도 밥을 차려 먹기 시작했다는 것이다. 정말 사소한 사례지만, 학교에서의 공부를 자신의 삶에 긍정적으로 적용한 예다.

이렇듯 하나를 배우더라도 깊이 생각하고 질문하고 자신만의 이야기를 만들어가는 학생들에게는 입시와 진로의 길이 열려 있다. 더 많은 것을 빠르게 배우는 것이 아니라 깊이 배우는 아이가 되어야 한다. 영어 공부에서도 더 어린 나이에 더 유창한 영어를 구사하는 것보다 중요한 것은 스스로 질문하고 생각하는 힘을 길러주는 것이다.

영어 공부에서도 질문을 만드는 것, 내 생각을 이야기해보는 것, 상상해보는 것, 표현해보는 하브루타 활동을 더하는 것이다. 학교와 학원에서 배운 지식을 자신의 꿈과 끼로 연결하는 능력이 중요하다. 질문하고 대화하고 토론하는 하브루타 생각하는 힘을 키워주는 작은 습관이 영어 공부 속에 자연스럽게 연결될 수 있도록 해주어야 한다.

아이가 커감에 따라 배우는 영어는 조금씩 달라질 것이다. 회화 위주의 영어, 학교 시험을 위한 영어, 토플, 텝스 등. 하지만 달라지는 영어 공부와 관계없이 꾸준히 하브루타를 더해주어야 한다는 것이다. 우리 아이에게 제대로 공부하는 하브루타 공부법을 알려주자. 영어 공부에 하브루타 공부법을 더하자.

아이의 꿈에
영어 날개를 달아준다

아이의 관심사에 공감해주기

아이의 학년이 올라갈수록 아이와의 소통이 어려워진다는 걸 느끼는 부모님이 정말 많다. 사실 나는 흔히 말하는 '중2병'이라는 말을 좋아하지 않고 될 수 있으면 하지 않으려고 노력한다. 아이들의 신체적 정서적 변화를 병으로 치부하고 싶지는 않기 때문이다. 하지만 신기하게도 중학교 2학년쯤 되면 표정도 어두워지고 생활 태도도 엉망이 되는 친구들이 생겨나기 시작한다. 아이들에게 영어 공부뿐 아니라 생각하는 힘을 키워주고 싶다는 야심과는 무색하게도 정작 아이들이 공부 자체에 의욕이 없는 것이다.

중학교 2학년이 된 민현이 아버지는 교육에 대한 열의가 대단하시다. 아버님께서 대학병원에 근무하시는 외과 의사시라 진료와 수술로 굉장히 바쁘시다고 들었다. 그런데도 학원에도 가끔 오셔서 아이를 데려가고 선생님들과의 상담 전화도 꼭 챙겨 받으신다.

민현이는 중학교 1학년 때까지는 아버지 말씀을 잘 듣는 평범한 아이였다.

그런데 학년이 올라가고 몇 달이 지난 후 갑자기 아이의 외모와 태도가 변했다. 갑자기 파마하고 피어싱을 끼기 시작했고, 수업도 잘 듣지 않고 숙제도 전혀 해오지 않았다. 그리고 음악이 좋다며 연습을 위해 학교도 조퇴하고 밴드 연습하러 달려갔다. 아버지께서도 아이를 어찌할지 모르겠다며 걱정하셨다.

민현이가 다시 돌아왔을 때 물어보았다. "나중에 커서 음악가가 될 거야?" 아이가 갑자기 시무룩해지며 말을 딱 끊었다. "음악 하고 싶죠. 공부 안 하고 음악만 했으면 좋겠어요. 전 아빠랑 달리 공부에 소질이 없어요." 언제부터인가 아이의 눈빛이 반항적으로 느껴졌는데, 내면에는 오히려 주눅이 든 것 같았다. "음악가가 성공으로 쉽지 않은 길인 건 맞아. 하지만 세상에 쉬운 일이 어디 있겠니? 아마 민현이 아버지도 의사 되시려고 엄청 노력하셨을 거야. 민현이도 이왕 꿈을 꾼다면 세계적으로 공연하는 멋진 음악가를 목표로 하면 좋지 않을까?" 예상치 못한 이야기였는지 민현이는 깜짝 놀라는 눈치였다.

"아, 사실 얼마 전에 윤이상 씨 이야기를 읽었어요. 일곱 개의 악기로 음악을 발표하시는 분이에요. 그 음악이 전 세계적으로 유명해졌거든요. 전 지금 악기 세 개 다뤄요. 윤이상 씨 음악을 밴드 버전으로 연습하거든요. 제가 유튜브에 올렸어요. 선생님도 유튜브에서 찾아 들어보세요."

입을 꽉 닫고 말도 하지 않던 아이가 음악 이야기를 하니 눈이 반짝이며 수다쟁이가 되었다. "이야, 멋지다. 알았어. 오늘 집에 가서 들어볼게. 그래서 네가 벌써 세 개의 악기를 배우는구나. 네가 윤이상 씨 같은 뮤지션이 되려면 음악과 함께 무엇을 공부해두는 게 좋을까."

"다른 나라로도 공연 가거든요. 얼마 전에는 중국에 다녀왔어요. 그러니까 영어나 중국어 같은 외국어를 해두면 좋죠." 민현이가 사뭇 진지하게 대답했다. "맞아, 그러네. 민현이가 생각을 많이 했구나. 기특하다. 선생님은 네 나이 때 그렇게까지 생각을 못 했었는데." "아, 그런 건가요. 그런데 사실 안 될 수도 있어요. 다른 일 하게 될 수도 있고요." "그거야, 그럴 수 있지. 미래를 아는 사람이 어디 있어. 그래도 하고 싶은 일이 있다는 것은 좋은 거야. 꿈이야 당연히 바뀔 수 있지. 그럼 지금 민현이 네가 할 수 있는 건 뭘까?"

"연습하는 것도 중요하고 시험도 잘 봐야죠. 영어 공부 다시 해야지요. 그래야 유학도 가고, 꿈이 바뀌어도 다른 거 할 수 있죠. 저희 형이 그랬어요. 공부해야 선택할 수 있다고." "그래, 민현이가 그렇게까지 생각했다니 기특하다. 나중에 세계적인 뮤지션 되면 영어로 멋지게 인터뷰해야 하지 않겠어? 그때 선생님 이름도 좀 넣어주고."

민현이를 보면서 자식 키우는 부모님의 어려움을 조금이나마 경험했다. 사실 민현이의 태도를 보면서 아버지의 마음을 이해했다. 하지만 그럴 때일수록 아이에게 공부에 대해 명령하거나 금지하거나 지시하기보다는 이해하고 공감을 먼저 해주어야 한다는 것의 중요성을 몸소 느꼈다.

또한 질문을 통해 스스로 자기 생각을 이야기하고 정리하게끔 해주는 것이 하브루타 대화법이다. 선생님으로서 수업에서 영어 하브루타를 활용하는 것뿐 아니라 학생이 영어를 공부할 수 있게 의욕을 찾아주는 것도 중요한 일이었다. 스스로 영어 공부의 필요성을 깨달을 수 있도록 하는 것도 영어 하브루타다. 하브루타 엄마표 영어도 마찬가지다. 아이의 관심사와 이야기에 귀 기울여주고 공감하는 것으로 출발한다.

이떤 좋은 교수법보다 중요한 것은 아이가 스스로 공부에 내한 필요성을 느끼는 것이기 때문이다. 그 후에 민현이는 실제로 자신과의 약속을 지켰다. 수업시간에 표정도 훨씬 편안하고 밝아 보였다. 평소 입을 꾹 닫고 말을 잘 하지 않던 아이가 내 유튜브에 찾아와 댓글을 남기고 페이스북에 안부 메시지를 남기기도 했다.

아이의 꿈을 넓혀주기

사실 나도 가르치는 사람으로서만 본다면 말 잘 듣고 공부를 열심히 하는 학생들이 예쁘다. 하지만 아이들을 조금 더 인격적으로 바라본다면 자신이 어떤 분야에 흥미를 갖고 몰두하는 것도 대견하다. 아직 공부에 관심이 없더라도, 뚜렷한 흥미가 없더라도 한 명 한 명이 모두 무한한 잠재력을 가진 아이들이다. 그래서 어떻게 영어 공부가 자신의 관심사와 연결되어 큰 꿈을 갖게 해줄 수 있는지에 대해 꼭 이야기해주려고 하는 편이다.

승현이를 처음 보았을 때 티는 내지 못했지만 속으로 깜짝 놀랐다. 여느 남자아이와는 다르게 정돈된 눈썹, 뽀얀 피부, 살짝 빨간 입술까지 예쁘게 화장을 하고 있었다. 승현이의 꿈은 메이크업 아티스트였다. 그래서인지 틈만 나면 지금 공부할 때가 아니라 기술을 배워야 할 때라고 이야기했다. 더군다나 자신은 공부에 소질도 없으므로 시간 낭비라고 했다.

일단 아이에게 좋아하는 일을 찾은 것에 대해 칭찬해주었다. 그리고 중학교 3학년이기에 조금 더 구체적으로 어떤 메이크업 아티스트가 되고 싶은지를 물었다. 자신은 자기의 이름을 걸고 메이크업 스튜디오를 차릴 것이라고 했다. 아이에게 다시 물어보았다. 네 이름을 딴 스튜디오를 차리고 네 이름이 브랜드가 되려면 메이크업 기술 외에 어떤 것이 필요할까.

승현이는 사실 그 부분에 대해서는 깊이 고민해본 적이 없어 잘 모르겠다고 이야기했다. 사실 뛰어난 미용 기술도 필요하지만, 스튜디오를 잘 운영하고 고객도 관리하고 홍보하려면 어떤 능력이 필요할까? 또한 한국의 미용 산업은 외국에서도 인정하니까 꼭 우리나라에 국한될 필요가 있겠느냐고 말이다.

며칠이 지난 후 승현이는 〈서민갑부〉라는 프로그램을 보았는데, 인도네시아에서 크게 성공한 헤어디자이너를 보았다고 말했다. 자기도 외국에 가서 메이크업으로 성공하겠다는 것이었다. 네가 가진 기술에 영어까지 잘하면 분명 네 꿈에 날개를 달아줄 것이라고 했다.

아이가 되고 싶은 무언가가 있다면 꿈의 지평선을 넓혀주자. 만일 아직 꿈이 없다 하더라도 세계를 무대로 살아갈 수 있다는 것을 끊임없이 알려주는 것도 좋다. 밝히기 부끄럽지만, 우리 어머니는 나에게 늘 이야기하신다. 나의 꿈이 '책을 쓰는 사람'이라고 하니 넌 영어 공부를 열심히 했으니 꼭 '세계적인 작가'가 되라고 말이다. 우리 아이의 꿈과 미래에 'Global'이라는 영어 날개를 달아주자.

아이에게
풍부한 경험을 선물한다

영어를 잘한다는 진짜 의미

영어를 잘하는 아이를 떠올려보자. 어떤 모습이 그려지는가. 많은 경우 '영어를 잘한다'라는 말을 원어민의 발음으로 유창하게 이야기하는 모습으로 떠올린다. 우연히 누군가 영어로 이야기하는 것을 보면 나도 모르게 그 사람의 말을 경청하거나 쳐다보게된 적이 한 번쯤 있다. 아무래도 대화 내용보다는 들리는 발음이나 억양 혹은 제스처를 보고 영어 실력을 가늠하게 된다. 하지만 영어로 의사소통을 하다 보니 영어를 잘한다는 의미에 대해 조금 다른 생각을 하게 되었다.

프랑스에서 대학원을 다닐 때, 영어로만 진행되는 수업을 들은 적이 있다. 미국, 유럽은 물론 아시아, 아프리카, 오세아니아주에서 온 서른 명의 학생들이 함께 공부했다. 물론 영국, 미국이나 호주에서 온 원어민들도 있었지만, 대부분은 나와 같이 외국어로서 영어를 구사하는 친구들이었다. 프랑스에서 진행되는 수업의 특성상 수업시간의 대부분은 발표와 토론으로 이루어졌고, 평가는 에세이로 받았다. 그러다 보니 자기 주장이 강하고 표현을 잘하는 서양권 학생들과, 듣는 것이 익숙하고 겸손이 미덕인 동양권 학생들은 참 달랐다.

처음에는 거침없이 유창하게 말하는 미국계 스웨덴 친구가 수업을 주도했다. 하지만 내용을 자세히 들어보면, 수업 내용과는 관련 없는 이야기를 하거나, 지나치게 많은 말을 해서 초점이 흐려지기도 했다. 교수님들도 고개를 갸우뚱거리고, 학생들도 그 친구들 말에 귀 기울이기를 힘들어했다.

반면 베트남 그리고 인도 친구들은 억양과 발음 때문인지 영어를 잘 못한다고 생각했었다. 처음에는 사실 알아듣기조차 힘들었다. 하지만 차차 익숙해지고 자세히 들어보니 날카로운 질문과 예리한 통찰력이 담긴 질문을 했고 사용하는 어휘 수준도 굉장히 높았다.

가장 대표적인 예로 반기문 총장님의 연설을 들 수 있다. 원어민처럼 혀가 부드럽고 자연스러운 발음이 아니라, 어찌 보면 한국말에 가까울 정도라고 이야기하는 이들도 있다. 하지만 연설의 내용과 어휘나 표현의 사용을 자세히 들어보고 분석해보면 정말 영어 실력이 뛰어나다 못해 탁월하다는 것을 알 수 있다.

영어를 잘한다는 것은 단순히 특정 시험성적이 높은 것도 아니고 언뜻 보면 알 수 있는 유창함도 아니다. 그래서 영어를 잘한다는 것은 다양한 지식과 경험, 깊은 생각이 결합되어 풍부한 어휘로 표현해낼 수 있는 능력을 의미한다. 다시 말해, 영어를 잘한다는 것은 단순히 형식이나 보이는 것뿐 아니라 내용의 질을 의미하는 것이다.

경험이 주는 생각하는 힘

초등학교 3학년인 성진이는 7살 때부터 꾸준히 영어 공부를 한 아이다. 여느 남자아이처럼 가만히 앉아 있는 것을 어려워하는 장난꾸러기다. 성진이 어머님은 아이가 수학을 좋아하는 이과적 성향의 아이라 영어 실력을 늘 걱정하셨다.

사실 성진이는 발음도 어눌하고 테스트 점수도 그리 좋지 않은 아이였다. 하지만 성진이의 생각 표현은 훌륭했다. 영어 에세이 주제는 여행사를 통한 여행이 좋은가? 내가 혼자서 떠나는 자유여행이 좋은가? 둘 중의 하나를 선택하고 그 이유에 관해 쓰라는 내용이었다. 대부분 아이는 교재에 나온 가이드라인을 토대로 거의 비슷하게 베껴오듯이 작성해왔다. 예시로 나온 내용은 여행사를 통한 여행은 가이드가 있어 설명을 잘 해주고, 편리하고, 시간을 절약한다 등이었다. 숙제를 검사하니 내용이 다 비슷비슷했다.

하지만 성진이의 숙제만 눈에 띄게 달랐다. 성진이는 자유여행을 택하겠다고 했다. 첫 번째 이유는 버스에서 시끄럽게 노래 부르는 할머니, 할아버지들의 소음이 싫다. 두 번째 이유는 자기가 가보고 싶은 곳을 탐험할 수 있는 자유가 없다. 세 번째 이유는 모르는 사람들과 낯선 곳에 함께 있어 불편함을 느낀다는 것이었다.

예시로 썼던 것은 가족들과 함께 패키지로 갔던 동남아 여행과 동화책 속에서 본 자유여행에 관한 이야기였다. 비록 글씨도 삐뚤빼뚤, 문법적으로 틀린 문장이나 적절하지 않은 어휘들도 있었지만 훌륭한 에세이였다. 성진이의 영어가 흠 없이 완벽해서가 아니라 성진이가 영어를 활용해서 나타낸 경험과 생각이 참신했다.

생각하는 힘은 말하기나 쓰기 영역 외에 읽기에서도 빛을 발한다. 중학교 1학년인 선희 어머님의 고민은 아이가 너무 책만 읽는다는 것이었다. 책 많이 읽는 아이는 엄마의 로망이라지만, 학교 공부를 소홀히 할까 걱정이신 듯했다. 생글생글 잘 웃는 선희는 수업시간에 참여도 잘하고 예쁜 학생이었다. 특히 리딩 수업 때면 눈이 반짝반짝 빛났다. 지문 내용이 책에서 이미 본 내용이면 집중을 더 잘했고, 영어 지문에 없는 내용들까지도 먼저 손을 들고 이야기해주었다. 물론 영어로 표현하기가 힘들어 중간에 특정 어휘를 물어보며 더듬더듬 이어가긴 했지만, 선희 안에는 하고 싶은 말이 가득했다.

수업시간에 아이들에게 다양한 질문을 하고 또 질문 만들기 게임을 하기도 한다. 하브루타 수업을 처음 접할 때 대부분 아이는 어떤 질문을 해야 할지 몰라 어려워한다. 반면 선희는 질문 방법을 가르쳐주기도 전에 본인이 스스로 떠오르는 수많은 질문을 빼곡히 적을 정도로 아이디어가 많다. 게다가 영어 지문을 읽고 문제를 푸는 속도가 빠르고 정확했다. 아직 문법을 많이 어려워하긴 했지만, 기본적인 언어 실력과 책을 통한 간접 경험들이 계속 쌓이다 보니 영어 실력도 함께 늘고 있었다.

소소하더라도 다양한 경험을 채워주기

그러므로 부모라면 영어 공부라는 틀 밖에서도 여러 가지 직접, 간접 경험을 채워주면 좋다. 아이와 함께 근교로 여행을 가거나, 소풍을 가거나, 전시회를 가거나, 공연을 가거나 도서관에 가서 책을 읽을 수 있다. 함께 시장에 가보고, 부동산에 들러보고, 양로원에 가볼 수도 있다. 중학교 때 미술 교과서에 나오는 그림을 억지로 외우느라 곤욕이었다. 해외 유명 그림 특별 전시로 실제 그림을 마주하게 되니 신기하고 감흥이 살아났다. 진짜 있는 그림이었구나. 실제로 보니 엄청 크고, 자세히 보니 그림의 질감도 살아 있었다.

'큰 별쌤'으로 불리는 EBS 한국사 최태성 선생님도 말씀하셨다. 대학교 때 전국 방방곡곡으로 수업시간에 배운 유적지를 일일이 찾아다녔다는 것이다. 백문이 불여일견이랄까. 직접, 간접 경험과 교과서에서의 배움이 어우러져 생각하는 힘과 그것을 표현하는 능력이 생겨나는 것이다. 하지만 현실에서는 교과서 지문을 토씨 하나 틀리지 않고 외우려고 늦은 시간까지 앉아 있는 학생들을 보았다. 나의 어렸을 적 모습이 떠오르면서 안타까운 마음이 들었다. 공부는 연결되어야 한다. 내가 외운 것, 내가 들은 것이 살아 있는 경험과 연결되어 나만의 지식이 된다. 부모의 역할로서 중요한 것은 우리 아이에게 다양한 경험의 장을 마련해주는 것이다. 아이는 경험을 토대로 생각하는 힘을 쌓게 된다. 궁극적으로 말하고자 하는 내용의 질이 높아야 도구로서의 영어도 빛을 발하게 되는 것이다.

질문으로 아이 생각의 물꼬를 튼다

공부를 잘하는 학생들의 특징, 질문

교육회사에 다니며 어린아이부터 중·고등학생 그리고 성인까지 학습자로서 모두 만나보았다. 그러다 보니 나이와 관계없이 학습 성취가 뛰어난 사람들 사이에는 공통점이 있다는 것을 발견했다. 바로 질문한다는 것이다. 내가 무언가에 몰두하고 관심을 두고 알아가기 시작하면 자연스럽게 궁금한 것들이 생겨난다. 단순히 궁금증이 생기는 것에 그치는 것이 아니라, 직접 질문을 던지고 반드시 이해하고 넘어가려고 한다는 것이다.

이때의 공부는 알려주는 것만 암기하는 수동적인 학습이 아니다. 반대로 주도적으로 학습하면서 내가 아는 것과 모르는 것을 구분한다. 후에 모르는 부분에 대해 질문하면서 부족한 부분을 채워가게 된다. 이를 메타인지라고 한다. 그러므로 능동적이고 적극적인 사람들, 다시 말해 질문하는 사람들이 더 빠르게 많은 것들을 배우고 성취하게 되는 것은 자연스러운 현상이다.

항상 전교 1등이며 수학과 영어 모두 최상위권 클래스에서 공부하는 진경이라는 아이가 있다. 요즘 중학교 2학년 여학생과는 다르게 화장도 전혀 하지 않고 머리는 질끈 묶은 채, 눈이 아주 빛나고 늘 자신감이 넘쳤다. 평소에는 여느 아이와 다를 바 없는 장난꾸러기이지만, 수업시간이 되면 질문에 질문을 거듭해가며 공부한다. "혹시 unique(독특한)라는 단어를 여기서 special(특별한)로 바꾸어 쓸 수 있나요?" "접속사 that이 생략 가능한 거라면 굳이 쓰는 이유가 있나요?" 보통 학생들이 잘 묻지 않는 질문들을 쏟아내기 시작한다.

많은 경우, 내가 쓴 답이 맞으면 크게 동그라미 치고 넘어가는 일이 다반사인데, 진경이는 조금 다르다. "제가 2번을 골라 맞았는데요. 사실 4번과 헷갈렸어요. 4번이 안 되는 이유를 정확히 모르겠어요. 왜 그런 거예요?" 어휘나 문법 같은 언어적 측면에서의 질문뿐 아니라 배우는 내용에 대해서도 늘 궁금한 것이 많다. 영어 교과서를 달달 암기하는 여느 학생과는 사뭇 다르다.

진경이는 교과서 내용에 대해서도 때론 사소하지만 다른 관점에서 생각한다. 본문에서 수염 때문에 사람들이 싫어하는 한 남자의 이야기가 있었다. "사람들이 정말 수염 때문에만 싫어했을까요? 그 사람을 알고 보니 이상한 무언가가 있지 않았을까요? 누가 의도적으로 나쁜 소문을 퍼트린 걸까요?"

이렇게 적극적으로 질문하는 아이들의 수업을 맡는 선생님들은 수업 준비를 몇 배로 해야 한다. 학생들이 갑자기 어떤 질문을 할지 모르기 때문이다. 상위 클래스 선생님들끼리 공통으로 하는 이야기가 있다. "수업 준비가 정말 완벽해야 해요. 질문이 진짜 많아요. 가끔 부끄럽지만, 학생들이 질문할 때, 저조차 깊이 생각해보지 못한 부분을 건드릴 때가 있어요."

생각할 수 있는 질문을 던져주기

만일 우리 아이가 아직 질문을 잘 하지 않는다면, 어떻게 해야 할까. 부모가 먼저 아이에게 깊이 있는 질문을 던져주어야 한다. 질문을 받은 아이들은 대답을 위해 생각하기 시작한다. 무언가에 대해 깊이 생각하기 시작하면 역으로 질문이 떠오른다. 마치 고기도 먹어본 놈이 잘 먹는다는 말이 있듯, 질문도 받아본 아이들이 잘한다.

결혼을 막 앞두고 있었을 때, 남편의 모교인 카이스트 대학교에 방문했다. 남편이 교수님께 조심스레 주례를 부탁드리자, 감사하게도 흔쾌히 승낙해주셨다. 그리고 말을 덧붙이셨다. "내가 숙제를 줄게요. 각자 본인이 어떤 사람인지, 내가 배우자에게 꼭 바라는 점을 메일로 보내주세요." 어찌 보면 굉장히 평범한 질문일 수도 있다. 하지만 신혼살림 장만하고 결혼식을 준비하느라 급급했던 때, 이 질문을 받고 처음으로 결혼의 의미에 대해 생각해보게 되었다. '나는 어떤 사람일까.' '내가 남편에게 바라는 가장 중요한 가치는 무엇일까.' '반대로 남편이 나에게 원하는 가치는 무엇일까.' '어떤 부분을 서로 맞추어 가면서 살아야 할까.' 질문을 받게 되니, 나 스스로 질문을 던지며 생각하기 시작했다.

마치 좋은 책은 교훈을 직접 이야기해주지 않고 상황을 보여줌으로써 독자 스스로 깨닫게 하듯이, 질문 또한 그렇다. 결혼이란 어떤 것이야, 그러므로 이렇게 살아야 한다고 일방적으로 훈계하거나 조언하는 것이 아니다. '결혼에 대한 네 생각이 뭐니?'라고 질문함으로써 생각하게끔 하는 것이다.

깊이 생각하는 힘을 기르는 도구, 질문

닭이 먼저일까. 달걀이 먼저일까. 공부를 많이 하고 잘해서 질문이 많은 것일까. 질문이 많아 자연스럽게 공부를 잘하게 되는 것일까. 이 두 가지가 상호작용을 할 것이다. 하지만 학교 공부를 잘하는 모든 아이가 질문이 많은 것은 아니고, 질문이 많은 모든 아이의 성적이 뛰어난 것이 아닐 수 있다. 다만, 한 가지 확실한 것은 질문하는 사람은 깊이 생각할 수 있다는 것이다. 누가 봐도 저 사람은 정말 뛰어나다 특출나다 할 때의 공통점은 질문이 명확하고 날카롭다는 것이다. 질문 수준이 곧 그 사람의 생각 수준이라 해도 과언이 아니다.

스스로 깊이 생각하는 힘은 앞으로 우리가 살아가야 할 시대에 꼭 갖추어야 할 역량이다. 인공지능 시대에 사람은 세 가지 부류로 나뉠 수 있다고 한다. 로봇을 만들고 다룰 줄 아는 과학 분야의 소수 인재, 로봇이 못 하는 창의적인 일을 하는 소수 인재, 그리고 로봇에게 명령과 지시를 받거나 로봇과 일자리 경쟁에 밀릴 다수의 사람이라는 것이다. 따라서 앞으로의 시대는 자본의 쏠림 현상이 더 극심해질 것이라는 슬픈 미래 전망도 있다. 우리 아이들이 되어야만 하는 소수 인재의 공통적인 특징은 생각하는 힘이다.

스스로 깊이 생각하는 힘을 기르는 가장 기초적이면서도 중요한 수단이 바로 질문이다. 최상위권 학생들, 정말 뛰어난 인재들은 그저 주어진 공부만 잘하는 것이 아니라 입시와 진로까지 개척한다. 자신과 자신을 둘러싼 세계에 질문을 던지고 그 질문에 대답하며 자신만의 길을 만들어간다. '나는 무엇을 좋아하는 사람인가.' '나는 어떤 것을 할 때 행복한가.' '다가올 미래에는 사회가 어떠한 인재를 필요로 할까.' '우리 사회의 이러한 문제를 해결할 수 있는 상품이나 서비스는 없을까.' '내가 무언가 되려면 오늘부터 무엇을 시작해야 할까.'와 같은 질문을 던지고 답을 하며 살아가는 친구들은 분명 남다른 삶을 살아갈 것이다.

《한국의 SNS 부자들》이라는 책에 국내 대표 크라우드펀딩 플랫폼 '와디즈'를 창업한 신혜성 대표의 이야기가 소개되었다. 와디즈는 자본도 없고 담보도 없는 그러나 아이디어를 가진 창업자들과 일반 투자자들을 이어주어, 아이디어와 시제품으로 누구나 창업할 수 있는 생태계를 만들었다. 그는 자신의 특기를 생각하는 힘으로 꼽았다. 대학생 시절에는 쉬는 시간에 혼자 잔디밭에 앉아서 그래프를 그려보면서 다양한 경제 현상에 대해 생각하고 또 생각했다.

또한 금융가에 일하면서도 생각의 끈을 놓지 않았다. '금융의 본질은 융통인데, 왜 돈이 정말 필요한 스타트업이나 개인 소상공인은 오히려 돈을 빌리는 것이 힘들까?' '돈은 왜 더 돈이 많은 곳으로만 흘러갈까.' 이러한 질문에 질문을 거듭한 끝에 금융의 역할을 변화시킬 방법을 찾고 끝내 와디즈를 창업했고 세상을 변화시켰다.

질문을 공부하는 부모

앞으로 입시 방향과 미래 사회 변화의 측면에서 본다면 이렇게 질문을 던지며 생각하는 아이들의 경쟁력이 더욱더 향상될 수밖에 없다. 그러므로 어떠한 지식이나 개념을 알려주고 외우게 하는 것을 넘어서야 한다. 우리 아이에게 질문을 던져주고 생각할 수 있게 해야 한다. 이러한 질문에 대답하면서 자연스럽게 생각을 키우고, 나아가 스스로 질문을 떠올릴 수 있는 기초 역량을 만들어주어야 한다. 이것이 우리 아이들의 배움을 이끄는 부모님과 선생님들 그리고 교육 일을 하는 사람 모두의 역할이 되어야 한다.

하지만 오늘부터 당장 변화할 수 있는 것은 교육 정책이 아니라 부모다. 우리 아이에게 하고 싶은 말이 있다면 훈계나 당위가 아닌 질문의 형태로 던져주자. 질문하는 법이 어렵다면, 질문을 공부하자. 부모가 먼저 스스로 질문을 통해 생각을 발전시켜나가는 사람이 되고, 그 과정을 가족 구성원 모두에게 공유하는 것이 좋다. 아이에게 스스로 질문하는 지혜로운 삶을 살게 하고 싶다면, 질문하는 법에 관심을 가져보는 것도 좋다.

※ 질문에 대해 배울 수 있는 추천도서

(1) 《질문의 7가지 힘》 도로시 리즈, 더난출판사

질문이 우리의 삶을 어떻게 바꾸는지 설명하면서 질문하는 법을 알려준다. 질문하는 것이 왜 좋은지 구체적으로 알고 싶고, 어떤 질문으로 시작해야 할까를 고민하는 분들에게 추천한다.

(2) 《질문하는 공부법 하브루타》 전성수, 양동일, 라이온북스

유대인 아버지들이 수천 년간 실행해온 자녀교육의 비밀, 바로 질문하는 법을 소개한다. 하버드 입학 논술 문제가 식탁 대화보다 더 쉬웠다는 유대인들의 질문 공부법에 대해 자세히 알 수 있다.

(3) 《창의력을 키우는 초등 글쓰기 좋은 질문 642》 826 VA-LENCIA, 넥서스Friends

창의력 글쓰기 교육 전문가분이 10년 넘게 수집한 창의적인 질문들이 담긴 책이다. 창의력이 자라나는 질문 642가지를 읽고 아이와 함께 생각해보면서 글로 써볼 수 있다.

뇌를 말랑하게 하는
생각 활동을 한다

고정된 생각의 틀에 갇힌 뇌

대한민국에 사는 부모라면 한 번쯤 아이를 위한 이민이나 대안 교육을 생각해보지 않았을까. 실제로 함께 일하던 동료들이나 지인 중 다수는 자녀의 교육을 위해 외국으로 이민을 하거나 대안학교에 보냈다. 아이들이 사회에 나오기까지 학교에서 보내는 시간은 대략 22만 시간이라고 한다. 게다가 학원에서 보내는 시간, 숙제와 시험을 위해 공부하는 시간까지 합치면 어마어마하다.

내가 중학생으로 공부한 지 20년도 훌쩍 넘은 지금, 그때와 똑같은 내용을 여전히 똑같은 방식으로 공부하는 아이들의 모습을 볼 때마다 생각이 많아진다. 요즘 흔히 말하는 4차 산업혁명의 변화는 다가올 먼 미래의 일이 아니라 지금도 진행되고 있는 변화이기 때문이다.

1988년생인 나의 이야기다. 내가 20대 때는 오로지 취업이라는 선택지만 가지고 있었다. 창업은 감히 내가 할 수 있는 일이라고 단 한 번도 생각하지 않았다. 대학교와 대학원을 졸업한 후 유명한 대기업에 취업하면 골인이라고 생각했다. 내 뇌는 그렇게 하나의 방향으로 고정되어 굳어 있었다. 대기업에 취직해서 월급을 많이 받고 결혼해서 사는 삶이 내가 유일하게 알고 있는 삶의 방향이었다.

지금도 많은 사람은 이야기한다. 그리 행복하지 않아도 원래 밥벌이는 어려운 것이기에 희생은 당연하다고 생각한다. 상사가 주는 모욕과 스트레스가 곧 내 월급이라는 말도 있다. 아니면 오래 공부해서 전문 자격증을 따야만 한다고 이야기한다. 하지만 막상 전문 자격증을 딴 친구들도 부모님 세대만큼의 부와 혜택을 누리지 못한다고 입을 모아 이야기한다. 그리고 전문 자격증으로 개업을 했어도, 영업과 마케팅의 싸움, 다시 말해 사업가로서 경쟁해야 한다. 우리가 안정이라고 말하는 그 안정이 정말 안정적인 것인지 의문을 가져볼 법하다.

하지만 부모로서 우리가 자녀들에게 바라는 것은 버티는 삶 그 이상일 것이다. 우리 아이가 정신적으로도 풍요로움과 행복함을 누리고 더욱 자유롭게 사는 삶을 바랄 것이다. 그렇다면 앞으로 어떤 공부를 해야 할까. 어떻게 생각해야 자신의 일자리를 지켜내고 하루하루 버티는 것 이상으로 자신의 가치를 높여가며 삶을 충분히 누릴 수 있을까.

남다른 생각을 하는 말랑한 뇌

'이상커플'이라는 유튜버 부부가 있다. 《덜 일하고 더 행복하게 사는 법》 책의 저자이기도 하다. 이들은 20대 초반이라는 어린 나이에 북미 원어민 선생님과 함께하는 화상 영어수업을 저렴한 가격으로 제공하는 서비스를 창업했다. '세븐아워(Seven Hour)'라는 회사를 운영하며, 하루 7시간만 일한다는 원칙을 지키고 있다. 또한 인터넷 기반 업무 형태여서 부부가 함께 세계여행을 다니면서 일한다.

블로그, 유튜브와 같은 SNS를 통해 혹은 책이나 강연을 통해 고객들과 소통하고 홍보하며 사업을 키워나간다. 자신이 원하는 일을, 원하는 시간만큼, 원하는 장소에서 일하며 '디지털 노마드' '소자본 창업'이라는 키워드로 전문성을 키워나간다. 이 분야에 전문성이 쌓이면서 강연이나 컨설팅으로 시간당 더 높은 수입으로 더 적게 일하는 방법을 연구해가는 중이며, 실제 이를 실행하고 있다.

결과적으로 더 적게 일하고도 더 많이 벌고 자신만의 플랫폼을 구축하는 방법을 만들어간 것이다. 사실 처음 그들의 창업 이야기를 들으면서 20대 초반 나의 모습과 너무 비교되어서 못난 마음도 들었다. 20대 초반의 나는 등록금만 내고 멋 부리고 쇼핑만 하던 철없는 학생이었다. 무언가를 만들어낸다거나 창업을 한다는 것은 내 이야기가 아니었다.

그래서인지 너무 궁금했다. 그 어린 나이에 창업에 대해 어떻게 생각했고, 어떻게 용기를 내어 시작하게 되었는지 말이다. 그래서 블로그 이웃으로서 질문했다. 얼마 후 블로그를 통해 '이상커플'의 박기연 씨가 직접 답변을 남겼다.

처음에 저도 공무원을 준비하는 공시생 중 한 명이었어요. 그런데 제가 아는 누군가의 힘겨운 삶을 보면서, 제 삶의 미래를 보게 되었어요. 과연 이 길이 나를 행복하게 할까. 같은 길을 걸어야만 할까.

미래가 보이지 않는 길에 서 있는 느낌이었죠. 그래서 스스로 그리고 저를 둘러싼 세상에 대해 끊임없이 질문을 던졌어요. 나는 어떤 사람인가, 나는 어떤 삶을 살고 싶은가, 나는 무엇을 할 때 행복할까에 대해 치열하게 고민했어요. 그리고 비판했어요. 왜 우리는 모두가 같은 삶의 방식을 지향하는가. 단지 두려움 때문일까. 이러한 수많은 생각을 통해 얻은 결론은 대학교를 중퇴하고 창업하는 것이었어요.

그래서 이런저런 창업의 도전과 실패 끝에 전화 영어 회사를 차리게 되었죠. 하지만 언뜻 보면 전화 영어 서비스를 제공하는 업체는 셀 수 없이 많아요. 특별한 사업 아이템이 아니죠. 남들은 모두 레드오션에 뛰어드는 것이라 비난했지요. 하지만 막상 제가 영어 공부를 하고 싶어 전화 영어를 하고 싶어 찾다 보니, 북미 출신 원어민들과의 수업은 너무 비싸서 엄두를 내지 못했어요. 그래서 이러한 불편함을 해소하고 싶었어요.

원어민 선생님들과의 수업을 퀄리티 있으면서도 저렴하게 제공할 수는 없을까 질문했어요. 고민 끝에 경력이 단절된 여성분이나 은퇴하신 분들을 고용하는 것을 생각해냈어요. 일하시는 강사님들에게는 소소한 일거리를 제공하면서도 소비자들에게는 더 저렴하게 좋은 영어 수업 서비스를 제공할 수 있게 된 것이죠.

주어진 것을 그대로 답습하고 사회가 원하는 틀에 맞추어 사는 것으로 자유롭고 행복한 삶을 만들어가기가 점점 힘든 것이 현실이다. 지식과 경험만으로는 충분치 않다. 지식과 경험을 바탕으로 스스로 사고할 수 있는 사람이 되어야 한다.

자신에게 끊임없이 질문을 던지고 내가 원하는 나만의 삶의 방향을 생각할 수 있는가. 자신이 살아가는 삶의 방식에 질문을 던지고 나만의 행복 기준을 만들어갈 수 있는가. 우리가 속한 세계에 질문을 던지고 사람들에게 가치를 주는 제품이나 서비스를 만들어낼 수 있는가.

앞으로 다가올 미래에 풍요로운 삶을 살아가기 위해서는 끊임없이 질문을 던지고 깊이 생각하는 능력이 중요하다. 고정된 뇌가 아니라 말랑한 뇌가 필요하다.

말랑한 뇌를 위한 생각 활동

남다르게 생각하는 힘을 배양하기 위해서는 우리가 배우는 단편적인 지식과 경험에 머물러서는 안 된다. 아이들은 학교에 다니면서 기초적인 지식과 다양한 현상의 개념을 공부한다. 물론 이 과정에서 지식을 바르게 습득하고 필요한 부분을 암기해야 한다. 하지만 다른 사람이 이미 만들어 놓은 무언가를 배우는 것은 배움의 끝이 아니라 배움의 시작이다.

1. 당연하지 않게 바라보기

우리가 너무 당연하다고 고정하여 생각하는 것들에 대해 당연하지 않게 생각해보는 것이다. 내가 좋아하는 노래 중 지드래곤의 '삐딱하게'라는 곡이 있다. 부모님이 기대하는 것, 친구들이 원하는 것, 선생님이 바라는 것이 항상 나에게 꼭 맞는 답이 아닐 때가 있다. 때론 사람들이 너무나도 당연하다고 생각하는 것들을 조금 삐딱하게 혹은 다르게 바라볼 줄 아는 힘과 용기가 필요하다.

왜 학교에 매일 가야 할까?

Why do we go to school everyday?

왜 사람들은 하루에 식사를 세 번 할까?

Why do people eat three times a day?

왜 일주일은 7일일까?

Why do we have seven days a week?

2. 가치를 판단하는 연습하기

매사에 옳고 그름이 고정되어 있는 것은 아니다. 나의 가치관이나 경험에 따라 생각과 판단이 달라질 수 있다. 나의 관점과 입장이 항상 정해져 있는 답이 아니며, 다른 사람의 관점과 생각은 또 다를 수 있다는 것을 배울 수 있다. 이 과정에서 사고의 폭이 넓어지고 유연해진다. 내 생각을 이야기하고 그에 대한 이유까지 언급

해야 하므로 논리성도 키울 수 있다.

숙제하지 않는 친구와 그것을 선생님께 말한 친구,
누가 더 나쁠까? 이유는?
Which person is worse; a friend not doing homework or a
friend saying "My friend did not do homework" to a teacher?
Why?

비싸지만 쓸모없는 물건 혹은 싸지만 유용한 물건,
공짜라면 어떤 것을 가질래? 이유는?
Which one would you like to get for free; an expensive but
useless thing or a cheap but useful thing? Why?

3. 남과 다른 나의 모습을 생각해보기

다른 사람들과 비슷한 것만이 좋은 것은 아니다. 어린아이들일
수록 친구들과 같아지고 싶어 하며 동질감을 느끼고 싶어 한다.
그리고 모두가 좋아하는 것을 나도 좋아해야 한다고 느낄 때도 있
다. 이는 사회화의 자연스러운 부분이기도 하다. 하지만 남과 다른
나의 모습을 발견할 때 그것을 부끄럽고 이상하게 생각하지 않고
개성을 살려갈 수 있는 자신감 있는 생각도 필요하다.

친구들이 잘 모르는 나만의 장점은 무엇일까?

What is my hidden talent?

친구들과 다른 나만의 독특한 부분이 있다면 무엇일까?

What is something unique about me that is different from my

friends?

영어 공부에
즐거운 질문 놀이를 더한다

영어책 읽기가 재미없는 아이들

아이들이 자발적으로 공부하기를 원한다면, 꼭 생각해야 할 것이 바로 '재미'다. 하지만 안타깝게도 요즘 아이들은 게임이나 영상물과 같이 자극적인 것들에 노출이 많이 되어 공부나 독서에 재미를 느끼는 것이 더욱 어렵다. 또한 짧고 강렬한 것들에 익숙해지다 보니 글을 차분히 읽고 생각하는 것과 점점 거리가 멀어지고 있다.

아이들을 지도하다 보면 자연스레 가방을 보게 되는 경우가 많은데, 가방 속에 따로 읽을 책을 가지고 다니는 아이들을 거의 본 적이 없다. 어렸을 때부터 영상보다는 그림이나 책을 먼저 접해주는 것이 중요하며, 재밌게 능동적으로 공부하는 방법을 배워나가야 한다. 능동적인 책 읽기에 재미를 붙여주어야 한다.

하지만 아직도 선생님이 읽고 해석해주면 아이들은 그저 받아

적기만 하는 수동적인 공부를 하는 경우가 많다. 이렇게 영어 공부를 할 때 흥미가 더 떨어지게 되는 경우도 많다. 물론 기본적인 어휘나 문법 그리고 문장 구조에 관해 설명해주어야 할 때도 있지만, 여기서만 학습이 멈추어져서는 안 된다. 번역기의 진화 속도가 사람이 영어를 배우는 속도보다 빠른 것은 슬프지만 현실이다.

리딩 공부에 질문 놀이 더하기

그렇다면 어떻게 영어 공부를 해야 할까. 단순히 영어 지문을 해석하고 암기하고 문제를 푸는 데 그치는 것이 아니라, 질문 놀이를 더해볼 수 있다. 영어 지문이나 책의 일부분을 읽고 나서 혹은 그림을 본 후에 떠오르는 질문을 적어보는 것이다. 혼자서도 좋고 함께 공부하는 짝꿍과도 좋다. 다양한 질문을 떠올리고 만들어본다. 영어 지문이라면 자연스럽게 다시 자신의 호흡으로 읽어보고, 이해가 가지 않았던 부분은 해석을 해본다.

이 과정에서 언어적으로도 내용상으로도 더 깊이 있는 공부를 하게 된다. 자신이 스스로 깊이 생각한 것에 대해서는 뇌에 훨씬 더 오래 각인된다. 이러한 공부 과정이 반복되다 보면 자연스럽게 책을 읽거나 혹은 누군가의 이야기를 들을 때도 다양한 질문을 던져보며 생각하는 습관이 체화되는 것이다.

자본주의 속에 숨겨진 비밀 《레버리지》라는 책에서는 부자들의 중요한 특징으로서 자신에게 중요한 것만 스스로 처리하고 다른 것들은 위임하는 것을 꼽는다. 그 과정이 과연 옳은 결정인지를 확인하기 위해 끊임없이 자신에게 묻고 또 묻는다고 한다. '나에게 중요한 가치가 무엇이지?' '내가 그 가치를 위해 시간을 할애하고 있는 것일까?' '그렇지 않다면 나는 어떤 결정을 해야 바람직할까?' '누구에게 이 문제를 어떻게 위임해야 할 것인가.' 어떤 하나의 사안에 대해 다양한 질문을 지속해서 던지면서 답을 찾아가는 과정에서 생각을 발전시켜나가는 것이다.

처음에는 가능한 한 떠오르는 많은 질문을 적게 한다. 다소 엉뚱한 질문이나 대답에도 진심으로 격려하고 칭찬을 해주면 더 적극적인 아이들로 변신한다. 예를 들어 '이야, 창의적인 질문이야.' '우와, 기발한 생각인데.' '엄청나게 예리했어.' '질문의 왕이구나' 하며 다양하게 진심 어린 감탄을 해주면 더 즐겁게 많은 질문을 쏟아낸다. 아이들은 자연스럽게 질문하는 것에 자신감과 재미를 느끼고 긍정적인 시각을 갖게 된다. 영어 공부가 아닌 다른 분야에서도 항상 깊게 생각하는 습관이 배어든다.

하지만 아이의 성향상 부끄러움이 많거나, 익숙하지 않아서 처음부터 질문을 떠올리기 어려워하는 아이들도 있다. 그럴 때는 질문을 함께 만들어 보거나 육하원칙을 사용하여 쉬운 질문과 대답을 해보는 연습으로 가볍게 시작하는 것도 추천한다.

질문 만들기 게임

사람이 우주비행사가 될 때와 로봇이 우주비행사가 되었을 때를 비교하는 내용의 영어 지문으로 수업한 내용이다. 중학교 1학년 학생들이 300자 정도의 영어 지문을 읽고 써낸 질문들이다.

- 로봇이라는 말의 어원이 무엇일까?
- 작은 우주선을 탔다고 하는데, 왜 큰 우주선을 타지 않았을까?
- 아폴로 13호 우주선에는 최대 몇 명이 탈 수 있을까?
- 아폴로 13호 우주선에서 산소 탱크가 터졌다고 했는데, 몇 개가 터졌을까?
- 아폴로 13호 우주선에서 산소 탱크가 터졌는데, 어떻게 죽지 않고 돌아왔을까?
- 왜 이 글에서는 사람이 우주비행사가 될 때의 장점이 나와 있지 않을까?
- 글쓴이는 로봇 우주비행사만 좋다고 생각하는 것은 아닌가?
- 로봇 우주비행사를 만드는 비용이 얼마나 될까?
- 우주에 보내는 로봇은 어떤 기능과 어떤 프로그램이 안에 있을까?
- 나는 왜 우주에 가는 것이 신기하게 느껴지지 않을까?
- 우주에 갈 돈으로 한우를 먹고 싶은 이유는 무엇일까?
- 왜 사람들은 우주에 가려고 할까?
- 미국산 우주선이 좋을까? 러시아산 우주선이 좋을까? 차이가 무엇일까?
- 왜 우리나라에서는 우주선 산업이 많이 발달하지 않았을까?
- 로봇이 타는 우주선의 크기는 어떻게 될까?

- 우주복의 재질은 어떻게 될까?
- 왜 동물은 우주에 보내지 않는 걸까?
- 닐 암스트롱이 어느 대학에서 무엇을 배웠길래 우주에 갈 생각을 했을까?
- 닐 암스트롱이 달에 갔을 때 어떤 감정을 느꼈을까?
- 닐 암스트롱이 달에 갔다는 것이 사실이 아니라는 말이 있는데 증거가 있을까?

영어 지문을 단락별로 읽고 간단히 해석하고 요약한 후 질문 만들기 게임을 했다. 짝을 지어 함께 질문을 만들었다. 가장 많은 질문을 만드는 팀과 가장 기발한 질문을 만드는 팀을 투표했다. 아이들은 질문을 잘 만들기 위해 읽은 내용을 다시 되짚어가며 해석하고 꼼꼼하게 지문 내용을 점검했다.

선생님이 읽고 설명해줄 때보다, 그리고 그에 따라 주어진 문제를 풀 때보다 적극적으로 읽고 질문을 만들어냈다. 같은 사안에 대해서도 더 비판적인 시각으로 바라보고 새롭게 바라보는 호기심을 발휘했다. 서로 각자 혹은 팀에서 만든 질문들을 공개하고 발표하면서 미처 생각하지 못한 질문들에 같이 공감하기도 하고 폭소도 터져 나왔다. 질문에 대해 그리고 답에 대해 함께 떠올려보고 서로 의견을 나누며 생각해보았다.

집에서는 부모님과 아이와 함께 엄마표 영어로 도전해볼 수 있다. 영어 지문을 읽고 영어나 한글로 다양한 질문을 만들어볼 수 있다. 또한 한글 지문이나 그림 혹은 영상을 보고 영어로 질문을 만들어 보는 것으로 응용해볼 수도 있다. 중요한 것은 이 과정에서 영어를 공부하면서 영어 실력을 높이는 동시에 깊이 생각하고 질문하는 습관을 만들어가는 것이다.

　가장 중요한 것! 아이의 작은 질문에도 크게 감탄하고 칭찬을 듬뿍 해주자. 모든 공부가 그렇듯 스스로 잘한다고 생각하면 재밌어진다. 재미있어야 잘하게 된다.

아이에게
영어 선생님 역할을 맡긴다

티칭(Teaching)보다 러닝(Learning)

"그 선생님은 정말 잘 가르쳐.""그 선생님은 재미있어." 많은 학생은 자연스럽게 선생님의 수업에 대해 비교하거나 평가하곤 한다. 아이들을 처음 지도했을 때는 그런 평가에만 으쓱하거나 만족하곤 했었다. 물론 학생들의 느낌과 반응은 중요하다. 하지만 더 중요한 것은 학습 내용을 충분히 소화했고 제대로 이해하였는지다. 그렇지 못한 날들도 있었지만, 내가 봐도 설명을 참 잘했구나 했을 때 잠시 만족했었다. 하지만 수업이 끝나고 아이를 따로 불러 수업 내용을 물어보면 너무나도 실망스러웠다.

선생님: 좀 전에 배웠잖아. 아까 네가 대답했잖아. 엄청 웃으면서 초롱초롱하게 잘해서 다 아는 줄 알았는데….
학생: 아 맞다, 맞다. 이거였지요? 하하하.

선생님: 아까 다 알겠다고 해서 철석같이 믿었더니 배신하기냐?

학생: 철석같이 믿으면 큰일 나요. 선생님 그 습관 고치세요.

선생님: 아, 그래. 졌다 졌어. 다시 읽어보고 네가 다시 설명해줘.

선생님으로서는 잘 설명하는 능력이나 재미있는 수업에서만 만족하면 안 된다는 생각이 들었다. 현재 새로운 교육 프로그램을 만들고 관리하는 커리큘럼 디자이너로서도 유익한 수업을 어떻게 만들어가야 할지 고민한다. 그 과정에서 선생님의 티칭이 아니라 학생들의 러닝에 초점을 맞추는 것이 핵심이라는 것을 깨달았다. 가르치지 말고 경험하게 하자.

옆 친구에게 설명해주기

그 이후 학생들이 자신이 배우고 이해한 내용을 정리해서 자신의 입으로 꼭 다시 설명하게끔 했다. 옆 친구에게 혹은 반 친구들에게 설명해주려고 하니, 자연스럽게 능동적으로 공부하기 시작했다. 누군가에게 설명해주려면 개념에 대해 막연히 아는 것이 아니라 명확하게 알아야 하기 때문이다.

그리고 자신이 제대로 이해하지 못한 내용에 대해 질문하기 시작했다. 자기가 무엇을 아는지 그리고 모르는지 구분되기 시작한 것이다. 누가 요리해주고 떠서 먹여주는 달콤한 밥이 아니라, 자신이 직접 챙겨 먹어야 하는 밥을 스스로 짓기 시작한 것이다.

EBS 다큐프라임 〈상위 0.1%의 비밀〉에서 성적 상위 0.1%의 우수한 아이들의 공부법으로 설명하기를 소개했다. 공부를 잘하는 학생들은 자기 자신에게 스스로 설명하기도 하고 엄마나 친구에게 설명하면서 자신의 배움과 지식을 정리한다는 것이다. 이렇듯 설명하기 활동은 메타인지 능력을 향상시킨다. 메타인지란 자신이 어떠한 것에 대해 알고 있는지 혹은 알지 못하는지에 대해 한 단계 더 높은 차원에서 인식하는 능력이다. 공부를 잘 하는 학생들은 자신이 무엇을 알고 모르는지 잘 알기 때문에 더욱 전략적으로 공부할 수 있다. 내가 잘하지 못하는 부분에 대해 질문하고 보충해가면서 자신의 지식을 보완해갈 수 있다는 것이다. 이는 또한 최상위권 학생들이 질문이 많은 이유이기도 하다.

공부하는 과정에서도 단순히 듣고 보고 뇌에 전달시키는 것이 아니다. 직접 설명하다 보면 자신의 입과 손을 사용하여 다시 자신의 귀를 통해 뇌로 전달시킨다. 다양한 감각을 활용하여 더욱 역동적으로 공부하게 된다. 《뇌가 저절로 기억하는 영어 공부의 왕도, 유대인 영어 공부법》이라는 책에서는 중얼중얼 소리 내어 공부하는 것이 영어 실력을 쌓는 핵심이라고 소개한다. 그러므로 중얼거릴 수 있는 최고의 환경을 조성해주어야 한다는 것이다.

그래서 실제 수업시간에서는 새로운 어휘나 표현 그리고 문법을 배우고 나면 학생들이 서로 짝을 지어 배운 내용을 확인하게끔 한다. 예를 들어 'Be 동사'라는 문법에 대해 배웠으면, Be 동사의 형태는 어떠한가. Be 동사의 뜻은 무엇인가. Be 동사랑 일반 동사는 어떻게 구분하는가와 같은 중요한 개념들이 있다. 이러한 개념에 대해 학생 역할을 하는 학생이 물어보게끔 기준을 잡아준다.

아이가 부모님에게 설명하기

집에서는 엄마나 아빠가 학생 역할을 하며, 교과서 주요 내용이나 읽은 책을 보면서 질문을 던질 수 있다. 아이가 Be 동사라는 문법을 공부한 것으로 가정해보자.

부모(학생): 선생님, Be 동사는 어떻게 생겼나요?

아이(선생님): Be 동사가 생긴 것은 주어에 따라 달라져. I am, You are, She is, They are처럼 바뀌지.

부모(학생): 아, am, are, is가 Be 동사네요. 그럼 이 동사는 뜻이 어떻게 돼요?

아이(선생님): 뜻은 어디에 있다. 혹은 무엇이다. 이렇게 두 가지로 쓰여.

부모(학생): 아, 그렇군요. 그럼 어떻게 문장을 만들 수 있나요?

아이(선생님): I am in Seoul. 나는 서울에 있다. I am a student. 나는 학생이다. 이렇게 만들어 볼 수 있지.

부모(학생): 선생님, 저는 먹는 걸 좋아해요. 먹는다는 eat이라고 하는데, I am eat이라고 하면 되나요?

아이(선생님): 정말 똑똑한 질문이야. 선생님이 다음 시간에 꼭 알려줄게.

부모(학생): 다음 시간이 내일이네요. 꼭 배우고 싶어요. 고맙습니다. 선생님.

부모나 선생님이 새로운 것을 가르쳐주고 아이가 배우고 나면, 아이가 직접 설명할 수 있게끔 해주면 좋다. 위의 예시와 같이 부모가 학생이 되고, 아이가 선생님이 되는 것이다.

아주 쉬운 단어나 문법 개념 하나라도 아이가 직접 설명해보는 것이다. 대부분 아이는 자신에게 역할을 주면 그 역할을 충실히 하려는 성향이 있다. 그런 아이에게 부모에게 설명해주는 선생님 역할을 부여해주는 것이다.

위의 예시 대화에서는 아이들이 자주 실수하는 Be 동사와 일반 동사의 구분에 대해 알려주는 것이다. 선생님 역할을 한 아이가 잘 모르는 부분이 있으면, 그 자리에서 바로 역할을 바꿔버리지 않는다. 다음에 아이가 스스로 찾아보거나 생각해서 다시 설명할 기회를 주는 것이 좋다. 그뿐만 아니라 아이가 무언가를 설명할 때, 우왕좌왕한다거나 정리되지 않고 반복하는 부분이 있다면 이야기할 수 있다.

엄마(학생): 선생님, 제가 머리가 안 좋아서 그런가 봐요. 방금 설명해주신 이 부분이 이해가 잘 안 가요. 다시 한 번 설명해주실 수 있나요?

아이는 답답해하는 한편 더 쉽고 자세하게 설명해주기 위해 노력할 것이다. 그 과정에서 선생님이 된 아이는 자신의 지식을 정리하고 다듬고 설명해서 명확하게 전달하는 능력을 키워가는 것이다.

영어 선생님이 되어보는 것의 또 다른 장점은 관점을 바꾸어 생각해보는 습관이 길러진다는 것이다. 학교 시험 대비 수업을 할 때 학생들에게 꼭 물어보곤 했었다. 네가 선생님이라면 어떤 문제를 시험에 내겠니? 어떤 부분이 가장 중요할 것 같니? 이러한 질문을 듣고 나면 학생들은 중요하다고 들은 내용만을 암기하다가도 스스로 생각하기 시작한다.

내가 선생님이라면 이런 것을 시험에 낼 것 같다. 수업시간에 선생님이 말씀했던 내용을 떠올리며 예측을 시도해본다. 사실 사소한 활동인 것 같지만, 이 활동 속에는 다른 사람의 입장이 되어 생각해보는 과정이 있다. 그냥 막연히 달달 외우면서 공부하는 것과 출제자의 의도를 생각하면서 공부하는 것은 천지 차이다.

이러한 사고를 자연스럽게 훈련하면 단순히 학업 공부라는 영역에서 좋은 점수를 얻는 데에만 그치지 않는다. 예를 들어, 제품이나 서비스를 살 때도 판매자의 관점에서 생각해보면서 득실을 따져볼 수 있다. 반대로 내가 무언가를 팔아야 하는 상황에서도, 구매자의 마음을 헤아려볼 수 있다. 사람들의 마음을 잘 이해하고 사람들이 미처 몰랐던 내재적인 욕구를 충족시켜주는 제품이나 서비스를 만들어내는 것이 혁신의 근간이자 이 시대가 필요로 하는 공감 능력이다. 영어를 배우는 학생이 아니라 가르치는 선생님이 되어 설명해본다는 것은 처지를 바꾸어 생각해볼 수도 있는 의미 있는 작은 활동이 될 것이다.

아이의 언어로
요약하는 훈련을 한다

진짜 공부를 대신해주는 선생님

학창 시절, 정말 재미있게 잘 가르치는 선생님의 핵심을 짚어주는 설명을 듣고 나면 내가 공부를 잘하는 것 같아 너무 뿌듯했던 기억이 있다. 성인이 되어서는 내가 아이들을 지도할 때, 핵심을 딱 짚어 깔끔하게 잘 가르쳤고 아이들의 반응도 좋았다면 어깨에 뽕이 한없이 솟았다. 교과서와 프린트 구석구석에 흩어진 정보들을 중요한 우선순위로 압축해서 깔끔하게 요약해주는 것이다. 마치 알집처럼 압축되고 정리된 내용을 듣고 빨리 이해하고 암기할 수 있음에 만족을 느끼는 것이 교육을 듣는 학생들의 마음이다.

선생님과 학생이 모두 좋아하는 수업의 현주소가 아닐까. 학생들은 이미 정리된 정보들을 듣기 좋게 쏙쏙 뽑아주는 강의를 듣고 시간과 노력을 절약했구나. 성적이 잘 나오겠구나 하고 기대한다. 단기적으로는 그렇다. 해야 할 공부가 많은 학생의 공부하는 시간을 덜어주고 최대한 빨리 성적을 높여주는 것이 현재 많은 학원이 하는 역할이다.

하지만 이 과정에서 공부를 제일 많이 하는 사람은 누구일까. 바로 학생들이 아닌 선생님이다. 교과서나 다양한 지문들을 읽고 중요한 내용을 요약하는 사람이 그 과정에서 가장 많이 배운다. 그 내용의 구조까지 샅샅이 파악하고 머릿속에 그림이 그려지기 때문이다. 선생님은 영어 교과서와 프린트를 가지고 단원별로 정리한다.

단어, 대화, 주요 문법, 본문 내용까지 요약하여 정리하다 보면 자연스럽게 해당과의 내용이 머릿속에 순서대로 각인된다. 내 머리로 읽어내고 정리하는 과정에서 자연스럽게 암기가 되고, 무엇이 중요하고 중요하지 않은지 구분하는 분별 능력이 생긴다. 또한 요약을 정확하게 잘 하기 위해 읽는 과정을 여러 번 거치다 보면 자연스럽게 읽는 속도도 빨라진다.

이렇게 중요한 배움의 과정이 학생이 아닌 선생님에게 있는 것이다. 다시 말해, 선생님이 요약해서 재미있게 전달하는 내용을 빠르게 암기하는 것보다 학생 스스로 중요한 정보를 요약하는 과정 가운데 배워나가는 것이 더 중요하다.

아이들의 읽기 능력이 현저하게 떨어지는 주요한 이유로 스마트폰을 꼽지만 어쩌면 학생들을 대신해서 읽고 요약해주는 선생님도 한 이유가 될 수 있다. 나도 학창시절 이미 요약된 개념을 주입식으로 배웠었기에 이러한 방법이 단기간의 성적 향상과 공부하는 데 편리하다는 것을 잘 알고 있다. 고등학교 때, 두꺼운 국사 교과서를 읽고 있으면 잠이 솔솔 왔다. 읽는 데 시간이 오래 걸리면서도 어려운 용어 때문인지 이해가 잘 가지 않았다. 마치 이야기를 하듯이 쭉 풀어놓으니 어느 부분이 중요한지도 잘 모른다고 느껴졌다.

반면 인터넷 강의를 들으면 유명한 강사님들이 귀에 쏙쏙 박히게 요약해주고 관련된 이야기까지 생생하게 해주었다. 요약 강의를 들어야 머릿속이 환해지고 밝아지는 느낌이었다. 사실 학년이 올라갈수록 성적 향상을 위해서, 현실적인 시간과 체력 제한으로 스스로 다 해내기는 어려울 수도 있다. 전략적으로 강의에 도움을 받는 것이 현명한 선택일 때도 있다. 하지만 아직 시험으로부터 자유로운 어린아이들일수록 시간이 조금 더 걸리더라도 스스로 읽으면서 공부하는 습관을 길러두는 것이 좋다.

스스로 요약할 때 생기는 공부머리

《공부머리 독서법》에서는 스스로 읽고 요약하고 정리하면서 생각해야 공부머리가 생긴다고 강조한다. 요즘같이 터무니없이 독서량이 부족한 때에 우리 아이들은 공부마저 요점을 듣고 이해하는 방식이 되어 읽고 이해하는 능력이 떨어진다는 것이다. 영어 공부에서도 매번 선생님의 도움을 받다 보면 내성이 생긴다. 따라서 내가 스스로 읽고 해석하는 능력, 중요한 것을 찾아내는 능력을 키워나가기가 점점 더 어려워진다.

미래까지 굳이 언급하지 않는다 하더라도 현재 우리 사회에서도 누군가에게 의존하기보다 나의 힘으로 이루어가는 능력이 필요하다. 그러므로 조금 더디게 느껴질지라도 우리 아이 스스로 요약하고 정리하는 힘을 길러야 한다.

중학생 2학년인 승현이는 상위권 학생이다. 학교에서도 전교권이고 한국에서만 자란 아이지만 영어는 토플 점수가 120점 만점에 110점이 넘는다. 1년 넘게 어학연수를 다녀온 대다수 성인도 100점 넘는 것을 어려워하는 것에 비교하면 놀라운 실력이다. 승현이가 따로 찾아와 엉이학원에서 해주는 학교 시험 대비반을 듣지 않는다고 해서 이유를 물어보았다. 그랬더니 아버지께서 네가 원해서 학원을 보내고 있기는 하지만, 학교 시험이라도 스스로 공부해보는 것을 권유하셨다고 했다.

이유는 교과서를 스스로 읽을 줄 알아야 한다는 것이다. 학교 선생님이 수업시간에 강조해주신 부분을 정리하고 공부하는 법을 터득했으면 좋겠다고 하신 것이다. 물론 이미 공부를 어느 정도 하는 상위권 학생이어서 가능한 것으로 생각할지 모른다. 하지만 오히려 이렇게 공부했던 방식 덕분에 상위권 학생이 되었을 수도 있다. 따라서 어렸을 때부터 조금씩이라도 자신의 힘으로 읽고 짧게 이야기하거나 쓰는 요약 훈련을 해나가야 한다.

아이의 언어로 요약하기

사실 요약을 제대로 한다는 것은 성인에게도 어려운 일이다. 산발적으로 흩어진 정보를 중요한 것으로 모으는 일이기도 하고, 방대한 내용을 정리하는 것이기 때문이다. 학습한 내용을 아이 자신의 언어로 짧게 표현할 수 있게 해보자. 요약하는 것을 훈련하고 습관으로 만들어준다면, 글을 읽고 핵심을 파악하는 능력이 크게 향상될 것이다.

아이들이 시험문제 중 가장 많이 틀리는 유형 중의 하나가 주제를 파악하는 것이다. 단락을 다 읽고 나서 문제와 보기 해석이 잘 되지만 엉뚱한 주제를 고르는 경우가 많다. 한글로 해석을 해주어도 이해를 못 하는 경우가 꽤 있다. 이런 경우에는 글을 읽고 요약하는 데 익숙지 않은 것이다. 아이에게 요약 능력을 길러줄 수 있는 여러 가지 방법을 소개한다.

1. 키워드 찾기

아이와 함께 영어책이나 교과서를 읽으면서, 중요한 키워드를 찾아본다. 이 글에서 중요한 단어라고 생각하는 것들에 동그라미 쳐본다. 그 중요 키워드 중에서 더 중요한 키워드를 골라본다.

2. 주제문 찾기

한 단락에서 말하고자 하는 주제문에 가장 가까운 문장을 찾아본다. 그리고 왜 주제문이라고 생각했는지 이유를 말해본다. 주제문을 잘못 찾았다면 다시 한 번 같이 읽어보고 부모가 주제문을 찾고 이유를 쉽게 설명해주어도 좋다.

3. 그림으로 표현하기

영어책을 읽고 나면 그 글을 그림으로 표현해보게 한다. 부모도 같이 그려본다. 아이가 직접 그린 그림에 대해 설명할 수 있게 해준다. 아이의 그림이 주제에 맞지 않는다 하더라도 일단 상상력을 칭찬해주고, 부모가 그린 그림을 자연스럽게 설명해준다.

4. 짧게 이야기하기

학습한 부분에 대해 한 문장 혹은 짧게 몇 문장으로 설명할 기회를 준다. 읽은 책 혹은 지문의 단락을 읽고 나서 "이 책은 무슨 내용인지 간단하게 설명해줄 수 있어?"라고 질문한다. 영어 관련 유튜브나 영상 클립을 보고 나서도 전체적인 내용에 대해 아이가 설명해보게 한다. 이때 조금 서툴더라도 아이의 언어로 이야기할 수 있게끔 해주는 것이 좋다.

영어 공부,
목소리 높여 활기차게 한다

게으름이 되는 조용한 영어 공부

우리 아이들이 선생님에게 가장 많이 듣는 말은 무엇일까? 바로 조용히 하라는 이야기일 것이다. 선생님들이 한 교실에서 많은 학생을 데리고 수업하려다 보니, 산만한 분위기를 잡고자 하게 되는 말이다. 수십 명의 학생이 한마디씩만 던진다 생각하면 이해될 법도 하다. 그리고 수업과 관련 없는 내용이라면 이미 공부는 물 건너간 것이 아닐까. 그렇다면 아예 처음부터 목소리를 내서 공부하게끔 하는 것은 어떨까.

EBS 다큐멘터리 〈왜 우리는 대학에 가는가, 말문을 터라〉를 보면 뉴욕에 있는 유대인의 학교 예시바대학교를 소개한다. 그곳의 도서관은 말 그대로 시장통이다. 두 명이 짝을 지어 앉아 탈무드를 가지고 크게 토론하면서 공부하기 때문이다. 방송에서 비친 도서관에서는 수십 명의 학생이 있었고 굉장히 시끌벅적했다. 우리

나라 도서관이라면 쫓겨나고도 남았을 일이다. 하지만 오히려 크게 입을 열고 공부하게 함으로써 학생들이 더 공부에 집중하는 모습이었다.

사실 많은 선생님이 공통되게 하는 말이 있다. 왁자지껄한 반보다 더 힘 빠지는 것이 반응도 없고 조용한 반이다. 특히 언어인 영어를 배우는 시간에 조용히 듣기만 하고 받아 적기만 하는 것만큼 수동적이고 재미없고 효과 없는 공부가 따로 없다. 강사가 혼자 질문하고 대답하고 설명하는 수업에서 학생들은 지루함을 느끼고 집중력이 흐트러진다. 어느 정도 집중을 잘 한다고 해도 수동적인 학습은 효과가 미미하고 지속하기도 어렵다.

단어를 유독 잘 못 외우는 학생들이 있다. 사실 단어는 늘 노력이라고 생각해 왔다. 게다가 나는 영어를 좋아했던 터라 처음에는 단어를 못 외우는 학생들이 잘 이해되지 않았다. 그저 열심히 외우라고만 했다. 시간이 지나 곰곰이 생각해보니, 단어 공부에도 방법이 중요하다는 것을 깨달았다.

바로 목소리를 높이는 것이었다. 먼저 단어 공부를 하는 아이들의 모습을 들여다보자. 여전히 많은 학생이 목소리 내어 읽지도 않고 묵묵히 쓰면서 단어 공부를 한다. 심지어 어떤 학생들은 눈으로만 보고 외우기도 한다. 귀찮게 왜 말을 하고 손 아프게 왜 쓰냐고 도리어 반문하기까지 한다. 그렇게 해도 눈으로 익힌 단어로 단어시험을 통과하면 된다는 논리다. 그러다 보니 written이라는 단어를 '롸이튼'이라고 읽는 아이들도 부지기수, driven이라는 단어도 '드라이븐'이라고 읽는 경우도 꽤 많다.

목소리를 높였다면 누군가 듣고 발음을 고쳐주었을 텐데, 속으로만 읽거나 아예 읽지를 않으니까 고칠 길이 없다. 심지어 잘못 발음하는 것에 대해 문제를 느끼지 못하는 예도 있다. 보고 문제를 풀면 되는데 왜 발음까지 정확히 알아야 하냐고 묻는 학생의 말에 황당함과 안타까움까지 느꼈다.

온몸을 깨우면서 영어 공부하기

아이와 함께 영어 공부를 할 때는 입과 손과 뇌가 모두 깨어 있어야 한다. 심지어 발도 깨어 있으면 좋다. 활기차게 목소리를 높이고 리듬을 타거나 약간의 과장된 몸짓도 좋다. 영어 단어를 외울 때도 큰 소리로 읽으면서 손으로 혹은 공중에다가 함께 써보고 어깨를 흔들면서 리듬을 타보는 것이다. 같이 과장된 연기도 해보고 자꾸 입으로 말을 해야 한다. 눈으로만 보는 공부가 아니라 온몸의 감각을 깨운다는 생각으로 한다. 아이들이 특히 지루해하는 문법 공부 시간에도 약간의 리듬과 율동을 넣어본 적이 있다. 수업시간에도 신나서 따라 하더니만 쉬는 시간에도 계속 문법 노래를 부른다. 아이들이 비교적 어려워하는 가정법을 만드는 방법도 리듬을 넣어서 가르쳐준 적이 있다.

한 학기가 훨씬 지난 뒤에도 나를 우연히 마주치기만 하면 그 리듬에 노래를 불러준다. 아이들은 재미있게 리듬을 붙여 외운 내용을 쉽게 잊지 않는다. 꼭 엄청난 작사나 작곡이 필요한 것도 아니다. 아이와 함께 갑자기 생각나는 대로 리듬을 붙여도 좋고 노래를 만들어 보아도 좋다. 부모가 먼저 즐거워야 아이들도 함께 즐겁다.

아이와 짝지어 영어 하브루타 하기

부모와 짝을 지어 공부하는 하브루타 학습법이 영어 공부에 도움이 많이 된다. 아이가 혼자 할 때보다 부모와 함께 공부할 때 더 자연스럽게 목소리를 내게 된다. 서로 질문을 주고받으면서 공부할 수 있기 때문이다. 부모가 아닌 친구나 형제자매라도 짝을 지어주는 편이 좋다. 배운 내용을 가지고 생각해야 질문을 만들 수 있고 대답을 할 수 있다.

한편 우리 아이는 너무 소심해서 목소리를 내야 하는 학습 방법이 어울리지 않을 거로 생각하는 분들도 있다. 하지만 내가 매우 내성적인 사람이었기에 오히려 둘이서 짝을 지어 공부할 때 더 편안함을 느낀다는 것을 잘 안다. 많은 사람 앞에 나서서 이야기해야 하는 것이 아니라 내가 좋아하는 부모, 친구와 도란도란 이야기를 나눌 수 있기 때문이다. 그 과정에서 내 생각을 정리하고 표현하는 법을 배운다. 또한 부모와 친구의 생각을 주의 깊게 듣는 법을 익힐 수 있다. 즉 능동적인 학습이 이루어진다.

사실 나도 내 짝이 나와 비슷한 생각을 할 때 공감대가 형성되었고, 나와 전혀 다른 생각을 하면 신기하고 놀라웠다. 또한 짝을 지어 서로의 생각을 나누는 이야기를 하다 보면 하고 싶은 말이 점점 많아진다. 내가 하고 싶은 말을 어떻게 더 잘 표현할까 고민해보면서 영어에 대한 호기심이 증폭된다.

게다가 일정 단계에 이르면 내가 신나게 말을 하면서 틀렸던 문법이나 어휘가 뒤늦게 생각나면 다시 찾아보기도 하고 스스로 고쳐나간다. 아이와 함께 영어 공부를 하기 위해 부모가 반드시 완벽한 영어를 구사해야 하는 것은 아니다. 서로 모르는 것, 궁금한 것은 같이 찾아볼 수 있다. 함께 공부해가는 재미를 키우는 것도 방법이다.

아이와 부모가 각자 중얼거리기

대학교에 막 입학했을 때 같은 학번 친구들에 비해 영어를 잘 못 하는 게 늘 아쉬웠다. 외국어로 유명한 대학교의 특성 때문인지 외국에서 꽤 오래 살다 온 친구들이 유독 많았다. 영어는 다들 기본적으로 잘 했고, 제2외국어도 수준급이었다. 그래서 영어만큼은 꼭 잘 하고 싶다는 생각이 들었다.

지금 생각하면 부끄럽지만, 함께 공부할 친구가 없을 때는 혼자서 남자가 되었다가 여자가 되었다가 질문하고 답을 했다. 마치 내 옆에 누군가 있다고 상상하고 대화하듯이 목소리뿐 아니라 제스처와 표정까지 내어보았다. 잠시 이동하거나 어디에 갈 때도 A4용지를 8등분으로 접은 작은 종이에 새로운 표현이나 단어를 적어 혼자서 중얼거렸다. 길을 가다가 아는 사람이 이런 내 모습을 볼까 봐 얼굴이 화끈거리기도 했지만 말이다.

머릿속으로는 외국인과 대화를 하듯이 하지만 현실은 혼자서

허공에 대고 끊임없이 중얼거렸다. 중얼거리면서 목소리를 높여 공부하면 훨씬 더 오래 기억에 남는다. 공부는 눈으로만이 아니라 온몸을 활용하여 적극적으로 씩씩하게 해야 한다는 것을 알게 되었다. 자꾸 생각하고 질문하고 입으로 내뱉으면서 공부하는 것이 진정한 공부이다. 아이와 함께 혹은 각자 중얼거리는 시간을 가지면서 공부하면, 어느새 아이도 스스로 중얼거리면서 공부하는 습관이 자연스럽게 몸에 밸 것이다.

영어 하브루타,
쉽고 가볍게 시작한다

영어 실력에 대한 두려움과 편견 버리기

현재 우리 아이 영어 실력으로는 영어를 배워가는 것만도 벅차다고 느끼는 분들이 많다. 그래서 영어를 활용하여 질문하고 생각까지 하기는 어렵다는 것이다. 물론 원서를 읽고 영어로 질문하고 자기 생각까지 영어로 표현하는 공부는 기본적인 영어 실력이 탄탄히 쌓인 후에 할 수 있는 것은 사실이다. 하지만 그러한 실력이 쌓이기까지의 과정에서도 100% 영어가 아니더라도 영어를 생각의 도구로써 활용하는 방법을 익혀가는 것이 영어 하브루타의 제안이다.

그러므로 처음부터 우리 아이에게 힘든 일이라고, 나는 영어 못하는 엄마라고 단정 짓지 말자.《부자 아이로 키우는 엄마들의 비밀수업》이라는 책에서는 부자 엄마들의 현명한 생각법을 소개한다. 어려워 보이는 일 앞에서 무조건 나는 안 된다고 선을 긋기보다는 어떻게 하면 시도해볼 수 있을까를 고민하라고 한다. '비록 우리 아이는 영어를 아직 어려워하지만, 어떻게 쉽게 연습해볼 수 있을까.'라는 생각의 방향이 더 바람직하다.

하브루타 지도사 과정을 이수할 때, 하브루타를 영어 수업에 적용해보려 한다고 이야기하니 동료 수강생분들에게 가장 많이 들었던 질문이 있었다. "영어 하브루타는 영어를 잘해야만 할 수 있는 것이 아닌가요? 외국에서 살다 온 리터니 아이들 정도 되어야 할 수 있겠어요."

물론 기본적인 영어 실력이 뛰어나면 조금 더 높은 수준의 텍스트로 영어를 많이 활용하는 활동을 해볼 수 있다는 장점이 있다. 하지만 기본 실력을 쌓아가는 과정에서도 우리 아이 수준에 맞게 조금씩 시도해나갈 수 있다는 장점도 있으니 주눅이 들거나 미리 겁먹을 필요가 없다.

강남 반포 지역의 영어 독서토론 학원에서 이야기다. 이제 곧 학교에 들어갈 예비초 현민이는 4세부터 영어를 배워온 아이다. 영어유치원 출신에 학습량이 아주 많기로 유명한 학원 출신이라 문제풀이 수준이 어린아이라기에는 믿기지 않을 정도였다.

그런데 아이를 자세히 바라보니 특이한 점이 있었다. 문제를 아주 잘 풀고 정답을 잘 맞히는데, 선생님과 의사소통을 잘 하지 않았다. 좋아하는 동물을 물어보는 쉬운 질문에도 대답을 어색해했다. 선생님과 이야기를 해보니 아이가 굉장히 'robotic(동작과 표정이 로봇 같은)'하다고, 마치 문제를 푸는 로봇 같다고 표현했다. 하지만 현민이는 앞으로 충분히 공부법을 바꾸어 갈 수 있다. 단순히 영어를 잘하는 아이보다 영어를 활용하여 생각하는 힘을 가진 아이로 말이다.

영어만 잘하는 아이가 아니라 영어를 활용하는 아이가 되도록 그릇을 다져가는 것이 장기적으로는 더 중요한 일이다. 영어 하브루타에 대한 막연한 편견과 두려움을 버리자. 우리 아이의 리듬에 맞게 시작하면 된다.

쉬운 책으로 시작하기

교육업계에서 오랫동안 일을 하다 보니 안타까운 것 중에 하나는 어머니들이 아이가 읽는 영어책 수준에 굉장히 민감하다는 것이다. 사실 아이의 영어학원 수업을 실시간으로 볼 수 없으니 책을 보면서 아이의 수준이 얼마나 향상되었는지 판단하게 되는 것은 맞다. 하지만 이와 같은 이유로 교육기관에서는 아이의 영어가 아직 부족한데도 계속해서 더 높은 수준의 영어 교재나 책을 선정하는 경우가 많다. 이로 인해 엄마가 책을 볼 때 잠시의 만족감과 자부심은 올라갈지 모른다.

하지만 정작 공부하는 아이들은 자신의 능력 대비 수준이 너무 높은 책을 읽으면서 점점 영어에 자신감을 잃게 된다. 흥미가 떨어지고 수업시간에 몸을 배배 꼬게 되는 것이 현실이다. 비교적 쉬운 수준의 영어를 공부할 때 아이가 자신감과 흥미가 빵빵해진다면 도리어 걱정되기 시작하는 때도 있다. '이러다가 우리 아이만 낮은 수준에 머무르는 거 아니야. 다른 아이들은 벌써 무슨 레벨의 책을 읽는다는데'라고 생각하면서 말이다. 수준이 높은 책을 읽어야 아이의 실력이 빠르게 향상되지 않을까 하는 조바심도 생긴다.

사실 아이의 실력이 향상되면 자연스럽게 더 높은 레벨의 공부를 하게 되어 있다. 아이가 스스로 조금 더 어려운 내용에 관심을 두기 시작한다. 아이를 지도하는 선생님도 아이의 실력 향상이 바로 느껴진다. 영어학원을 보내면서 아이의 실력을 더 높이고 싶은 마음도 충분히 이해는 간다. 하지만 영어 공부의 본질이 무엇일까. 장기적으로 보았을 때 정말 중요한 것은 무엇일까.

영어 공부를 쉽게 시작하는 것에 대한 거부감을 조금 줄여보았으면 좋겠다. 특히 처음에는 평소 읽는 책보다 수준이 비슷하거나 조금 더 쉬운 것을 추천한다. 호흡이 짧고 재미있으며 그림이 있는 책으로 시작하면 좋다. 아이 수준 대비 너무 어려운 단어가 많이 나오거나 글의 구조가 복잡해서 해석하는 데 어려움이 있는 책보다 술술 읽히는 책을 권장한다.

어렵다는 것의 정확한 기준을 세우기는 어렵지만, 통상적으로 한 페이지에 모르는 단어가 5개 이상일 때, 혹은 읽고 나서 머릿속에 이야기가 전혀 그려지지 않을 때 수준 대비 어려운 책이라고 판정한다. 때문에 아이가 좋아하는 그림이 있는 책, 술술 읽힐 수 있는 책을 권장한다. 어느 정도 재미와 자신감이 붙으면 자신의 수준보다 약간 상회하는 책을 읽어나간다.

한 가지 목표에 집중하기

대학교 2학년 때 처음 목동에서 초등학교 1학년 학생에게 영어 개인 지도를 했었다. 내가 처음 가르치는 학생이어서였을까. 나의 욕심과 가르침에 대한 열정이 넘쳐 어휘, 듣기, 쓰기, 읽기, 말하기 온갖 숙제를 매일 다 주었다. 교육에 대한 열의가 높았던 어머님께서는 정말 체계적으로 지도하는 선생님이라며 나를 매우 좋아하셨다. 나 자신도 아이의 실력이 늘어갈 때마다 으쓱했다.

하지만 아이는 어른들의 등쌀에 못 이겨 조금 따라오는 듯하더니 결국 몇 달 만에 지쳐 포기하고 말았다. 지금 생각하면 그 아이에게 미안하기 그지없다. 쉽게 시작하고 조금 더 천천히 가도 즐겁게 오래가는 것이 중요하다는 것을 그때는 잘 몰랐다.

복잡한 세상을 이기는 단순함의 힘《원씽》이라는 책을 보면 "가장 중요한 한 가지에 집중하라"고 주문한다. 영어 하브루타에 접목하여 말하자면, "가장 중요한 한 가지 질문에 집중하라"고 바꾸어 말하고 싶다. 하브루타 엄마표 영어는 영어학원처럼 여러 가지 질문과 다양한 활동들을 모두 하지 않아도 좋다. 아이에게 이야기해보고 싶은 단 하나의 질문을 골라보게 하거나 질문 딱 하나를 만들어 볼 수 있다. 처음일수록 여러 개가 아닌 하나씩만 도전해봐도 좋다.

나는 책을 읽는 것을 매우 좋아해서 여러 권의 책을 읽는다. 사실 책을 자세히 읽다 보면 구절마다 좋은 내용이 너무 많지만, 모든 것들을 상기해보려 하면 도리어 아무것도 마음속에 깊이 남지

않는다는 것을 알았다. 그래서 책을 다 읽고 덮을 때, 나 자신에게
질문한다. '이 책에서 내가 꼭 배워야 할 단 하나의 메시지는 무엇
일까?' '이 책에서 내가 실천해야 할 단 한 가지의 행동은 무엇일
까?' 책 한 권당 딱 하나의 생각만 가져가야겠다고 마음먹고 나니
책을 읽는 일이 훨씬 수월하고 재미있게 느껴졌다. 영어 하브루타
도 마찬가지다. 단 하나의 목표에 집중해서 딱 하나의 질문으로
시작해도 좋다.

영어 하브루타, SNS에 기록을 남긴다

SNS에 대한 균형적인 시각 길러주기

지금은 SNS 소셜네트워크의 전성시대다. 전 세계에 열풍을 가져온 유튜브는 물론 블로그, 카페, 밴드, 페이스북 그리고 인스타그램까지. SNS는 사실 단순한 기술 발달의 산물이 아니다. 서로 소통하고자 하는 욕구, 자랑하고 싶은 욕구, 공유하고 싶은 욕구와 같은 인간의 본성을 담은 기술의 집합체다.

하지만 현실에서는 SNS의 부작용과 폐해도 크다. 일단 SNS에서 너무 많은 시간을 보낸다는 것이다. 유튜브에서 영상을 한 번 보기 시작하면 다른 추천 영상까지 타고 들어 시간 가는 줄 모른다. 페이스북에서도 메시지를 끊임없이 주고받고 사진이나 광고를 구경하면 어느새 시간이 훌쩍 지나 있다.

SNS의 또 다른 문제는 다른 사람들을 보면서 부러워하다 보면 어느새 나 자신이 초라하기까지 하다는 것이다. 이러한 이유로 회

의감을 느껴 처음에는 SNS를 모두 그만두었다. 다른 사람들의 단편적인 삶을 담은 사진들을 보며 부러워하는 것이 의미 없게 느껴졌기 때문이다. 게다가 거대한 회사들과 광고업자들이 사람들의 시간을 빼앗아 돈을 벌고 있다는 사실에 쓸쓸함을 감출 수 없기 때문이기도 했다.

하지만 마케팅에 관심을 두게 되면서 SNS를 배우는 것이 필수라는 것을 알았다. SNS는 많은 사람이 모이는 곳이며 실생활에서 유용하게 사용되는 경우가 많나는 것이다. 다시 말해, 판매자로서는 적은 돈으로도 고객들과 소통할 수 있고 내 제품과 서비스를 알릴 수 있는 수단이 된다는 것이다. 결국 본질은 SNS 그 자체가 좋다 나쁘다는 문제가 아니라 어떻게 지혜롭게 활용하느냐는 것이다.

기술과 발전의 소비자로서 남느냐 아니면 기술과 발전을 활용하는 생산자가 되느냐의 차이이다. 여성 자기계발 분야의 유명 강사인 김미경 씨는 종종 강연에서 어머니의 말씀을 인용하곤 한다. "사람은 뭐 팔다가 똑똑해지지, 물건 사다가 똑똑해지지 않는다." 이 말이야말로 생산자 정신을 가장 잘 표현한 것이 아닐까 싶다.

생산자라고 말하기엔 부끄럽지만, 나의 경우 글을 쓰는 것을 좋아해서 블로그를 시작했다. 블로그에는 읽은 책에 대한 생각, 영어교육 이야기 그리고 신혼부부 일상 이야기 등을 담는다. 블로그에 매일 방문해주시는 이웃분들이 생기다 보니, 자연스럽게 더 좋은 콘텐츠를 포스팅하고 싶다는 마음이 생긴다. '도움이 되는 글의 주제가 무엇일까.' '사람들은 어떤 콘텐츠에 관심을 가질까.' 그에 따라 나만의 다양한 이야기를 차곡차곡 쌓아가게 된다.

　블로그를 하면서 가장 좋은 점은 대단하지는 않아도 새로운 콘텐츠를 끊임없이 생산하는 법을 배우게 된다는 것이다. 블로그나 유튜브를 한 번쯤 해본 사람이라면 알 것이다. 새로운 콘텐츠를 주기적으로 생산해낸다는 것이 절대 쉽지 않은 일이라는 것을. 매일 짧은 포스팅이라도 하나 올리려고 하면, 내 일상을 더 세심히 바라보게 되고, 책을 더 깊이 읽게 되고, 주변에서 일어나는 이야기들에 대해 한 번 더 생각하게 된다.

　대부분의 많은 사람, 특히 어린 학생들일수록 막연히 억대 연봉 유튜버를 부러워한다. 그들은 앉아서 쉽게 일확천금을 번다고 생각한다. 하지만 대부분의 잘 알려진 유튜버들은 콘텐츠에 대해 밤낮없이 고민하고 끊임없이 연구하는 사람들이다. 구독자들과 약속한 시간에 좋은 콘텐츠를 올리기 위해 늘 고군분투하는 사람들이다. 언뜻 보기에는 쉽고 별 것 아닌 것으로 큰돈을 벌어들인다고 생각한다. 하지만 이들은 사람들의 마음을 움직이는 콘텐츠를 고안하고 직접 만들어내는 생산자들이다. 그리고 새로운 시대의 기회를 재빠르게 포착하고 이를 실행으로 옮긴 사람들이다.

　부모라면 우리 아이들이 SNS에 대해 균형적인 시각과 지혜로운 관점을 갖기를 바랄 것이다. 막연히 잘나가는 유튜버들이나 인스타 인플루언서를 부러워하고 그들을 추종하고 영향을 받아 시간과 돈을 소비하는 것에 그치지 않았으면 할 것이다. 그렇다면 아이들이 새로운 시대의 흐름을 잘 이해하고 SNS를 활용할 수 있는 생산자가 될 수 있다는 것을 알게 할 수 없을까?

영어 공부 과정을 SNS에 기록하기

블로그 이웃님 중에 자주 교류하는 분이 있다. 그분은 초등학교 3학년 아이의 영어를 직접 지도하는 엄마표 유기농 영어 실천자이시다. 아이가 쓴 영어 단어, 영어 일기, 영어책 등 아이와 영어 공부한 내용을 하루도 빠짐없이 포스팅한다.

처음에는 부끄러워서 아이가 자기 이름을 적지 말라고 하더니, 이제는 얼굴을 내밀고 사진도 찍게 되었다고 한다. 또한 자기가 공부하는 내용이 블로그에서 많은 사람에게 읽히고 관심을 받고 있다는 것을 알고 나서는 일종의 책임감이 생겼다는 것이다. "엄마, 오늘 블로그에 올리려면, 책을 더 사서 읽어야 할 것 같아요." "이웃분들에게 이 영상을 소개해요." 그리고 아이는 엄마와 함께 올린 포스팅에 달린 댓글을 모두 꼼꼼히 읽어본다는 것이다.

블로그가 성장하고 나서 무료로 전시회를 가거나 책을 볼 기회가 생기자 아이가 자신의 이야기가 가치가 될 수 있다는 것에 대해 자연스럽게 배웠다는 것이다. 엄마는 아이가 중학교와 고등학교 입시를 준비할 때 도움될 수 있는 포트폴리오를 만들어주는 것이 목표라고 하셨다.

우리 아이의 영어 하브루타 이야기도 SNS에 올려보자. 가능하다면 아이의 계정으로 운영해보아도 좋고 엄마나 아빠의 SNS 계정을 활용해도 좋다. 읽은 책의 이름과 표지를 찍어 올려보는 것도 좋다. 혹은 사진을 넣어 간단하게 영어 일기를 작성해보는 것도 좋은 활동이 될 수 있다. 그리고 이 책의 실천 편에서 했던 질문과 대답을 적어보거나 간단히 영상을 찍어 올려보는 것도 좋은 경험이 된다. 표현 하브루타에서 그리고 적어본 작품을 인스타그램에 올려볼 수도 있다.

공부하는 내용이나 과정을 SNS에 공유하면서 자연스럽게 공부에 대한 지속성을 높일 수 있다. 주변 사람들의 응원이나 칭찬 댓글은 꼭 공유하면서 보여준다. 가족이 아닌 제삼자에게 인정받는 것도 힘이 된다. 또한 이 과정에서 아이는 SNS를 활용하는 생산자로서의 시각을 갖게 된다. 그리고 이러한 과정이 모여 자신만의 포트폴리오가 생기는 것은 덤이다. 만일 처음부터 영어 공부로 시작하기 어렵다면, '내가 영어를 공부하는 이유', '영어를 잘하는 내가 되고 싶은 꿈' 이야기부터 출발하여 블로그에 아주 짧은 글을 올려도 좋다.

영어 공부를 하면서 떠오른 질문을 영어로 영작해보아도 좋다. 엄마와 아빠가 함께 짝 토론하는 영어 공부 모습을 사진으로 담아도 멋지다. 공개되는 SNS가 부담스럽다면 가족들끼리 보는 콘텐츠로 기록해놓아도 좋다. 꼭 거창하지 않아도 좋다. 작게 시작해보자. 다음처럼 해시태그도 붙여보자.

#우리가족영어하브루타 #우리○○이 영어하브루타 #하루10분엄마표영어 하브루타 #영어로꿈꾸는멋진아들○○ #영어를좋아하는예쁜딸○○

우리 아이만의
스토리를 만든다

열심히 공부해도 취업이 어려운 이유

내가 대학교에 다니고 있던 때 미국발 금융위기를 기점으로 취업 시장에 극심한 한파가 불었다. 시간이 지날수록 상황이 나아지기는커녕 취업이 점점 더 어려워졌다. 취업용 기본 스펙 5종이라는 말을 들어본 적이 있을 것이다. 좋은 회사에 들어가기 위해서는 학점, 토익점수, 자격증, 공모전, 어학연수 경험을 모두 갖추어야 한다는 말이다.

나는 졸업반이 되자 취업이라는 전쟁에서 승리하자는 마음가짐으로 노력했다. 취업에 필요하다는 자격들을 하나씩 다 갖추어 갔다. 하지만 어느 정도 스펙을 갖추었다 생각하고 막상 기업에 원서를 쓰려고 보니 하고 싶은 말이 없었다. 어느 회사에 가고 싶은지, 어떤 일을 해보고 싶은지, 왜 그렇게 생각하는지, 내 경험이 무엇인지 전혀 생각해본 적이 없었기 때문이다. 그저 많은 사람이 달려가는 길이 내 길이었고, 내 좁은 시야로 다른 길을 가는 이에게 관심을 둔 적이 없었다. 나에게는 나만의 이야기가 아닌 그저 남들도 가지고 있는 평범한 이야기만 있었다.

현실은 항상 냉정했다. 점점 더 교육을 많이 받고 많은 것들을 보고 느끼고 경험한 사람들이 많아지고 있다. 하지만 그러면서도 우리는 여전히 같은 것을 향해 열심히 달려가며, 똑같은 것을 똑같은 방법으로 공부한다. 이러한 상황에서 자연스럽게 더 높은 학력과 높은 학점과 영어 점수까지 상향으로 평준화되었다. 그야말로 레드오션이다.

《스토리가 스펙을 이긴다》라는 책을 읽고 나서 우연히 본 베스트 댓글에는 이렇게 쓰여 있었다. '기업은 스토리도 보고 스펙도 본다.' 슬프지만 공감이 간다. 왜 그럴까? 졸업생이 아닌 기업의 측면에서 보자. 구직 시장에 온갖 스펙을 다 갖춘 인재들이 넘쳐난다. 수요와 공급의 법칙에 따라 자연스럽게 기업의 위치가 높아진다. 과거에는 성실함을 주로 보고 신입사원을 선발했다면, 지금은 스펙과 성실함은 당연히 가져야 할 디폴트값이 된 것이다. 어쩌면 구직자로서는 통탄할 일이지만, 현재 사회 구조상 계속해서 일어나고 있는 일이다. 노동의 가치가 점점 하락하고 있으며, 인공지능이 점점 발달하면서 이러한 상황들이 더 심각해지리라는 것은 쉽게 예측할 수 있다.

교육회사에서 기업 교육 업무를 담당했을 때였다. 당시 주요 고객사는 대기업의 인사과 직원분들이었다. 그분들이 공통으로 늘 하는 이야기가 있었다. "요즘 신입사원 지원자들이 다들 뛰어나서요. 영어는 기본적으로 어느 정도 해요. 토익점수 좋다고 진짜 실무에 필요한 영어를 잘하는 것도 아니고, 영어를 뛰어나게 잘하는 교포라고 일을 잘하는 것도 아니더라고요. 직무 역량과 관계된 경험이 있으면 좋고, 아니어도 업무와 관련된 이야기가 있는 사람이 아무래도 유리하죠."

나를 차별화하는 스토리의 힘

사실 기업뿐 아니라 소비자인 우리도 마찬가지다. 이제 어느 곳을 가도 비슷한 음식을 파는 식당들이 넘쳐난다. 음식의 맛, 서비스도 괜찮은 식당들이 즐비하다. 그렇다면 당연히 식당을 고르는 소비자의 기준이 높아지지 않을까. 식당에서 소위 스펙이라고 할 수 있는 음식의 맛, 청결도, 서비스는 기본이다. 그 식당만의 메뉴, 그 식당만의 이야기, 그 식당 주인의 철학까지 보게 되는 것이다.

남편이 다니는 은행의 한 후배는 최근 엄청난 경쟁률을 뚫고 입사했다고 한다. 그런데 그 후배는 이름이 잘 알려지지 않은 대학교의 사회복지학과를 졸업했다. 물론 대학교 간판과 취업 잘 되는 전공이 전부는 아니다. 하지만 요즘의 현실은 문과생 30만 명 중 성적을 기준으로 상위 0.02%만 겨우 간다는 서울의 명문대 출신의 상경계 전공 학생들도 금융권 취업이 쉽지 않다. 그래서 어떻게 취업을 했는지 궁금해서 물어보았다. 그 후배는 학창시절 복숭아를 직접 팔아본 조금 특이한 경험이 있다고 했다.

외할아버지가 힘겹게 농사지은 복숭아를 유통업체에 헐값에 넘기시는 게 안타까워 고민했다고 한다. '왜 어렵게 기른 복숭아를 싸게 팔아야만 할까. 제값을 받고 팔 수는 없을까.' 스스로 질문한 끝에 유통망을 뚫어 직접 팔아보기로 했다. 처음에는 본인이 직접 트럭을 끌고 번화가에 나가서 팔았다. 시간이 지나, 인터넷에 온라인 스토어를 만들어서도 판매했다. 때론 실패했고 때론 성공했다.

자신만의 이야기를 통해, 할아버지를 생각하는 따뜻한 마음과 자신의 실행력 그리고 실제로 학교 밖에서 무언가를 판매해본 경험과 깨달음을 어필할 수 있었다. 남들과 다르게 독창적이면서도, 이 경험이 은행에서 금융상품을 판매할 때도 도움될 수 있는 가치 있는 이야기였다.

취업뿐 아니라 창업에서도 마찬가지다. 작년에 마케팅을 배우고 싶어 교육기관을 찾았다. 검색해보니 워낙 많은 교육기관이 있어서 어떤 곳을 선택해야 할지 망설이고 있었다. 게다가 대부분 교육비가 100만 원을 훌쩍 넘기에 더욱 신중해질 수밖에 없었다. 수많은 고민과 비교 끝에 '1인 창업스쿨'이라는 비교적 작은 교육기관을 택했다. 물론 커리큘럼도 마음에 들었지만, 창업자의 스토리가 진정성 있게 와 닿았기 때문이다. 1인 창업스쿨의 조혜영 대표는 10대인 학창시절 공부도 못했고 뛰어날 것도 하나 없었던 사람이라고 자신을 소개했다.

20대 시절에 잘 알려지지 않은 대학교를 나와 계약직을 전전하고 방황하며 살아오다가 이대로 살면 안 될 것 같다는 절박한 마음으로 책을 쓰기 시작했다. 자신이 이룬 것도 없고 아는 것도 없지만 그나마 경험해온 것이 연애였기 때문에 연애 책을 썼다는 것이다. 그 책을 계기로 1인 창업을 시작하게 되었고 지금은 직원들과 함께 일하는 교육회사의 대표가 되었다는 이야기였다.

결국 유명하게 널리 알려진 대형학원보다 왠지 이곳이 더 마음에 끌렸다. 나중에 다른 수강생들의 이야기를 들어보니, 나와 같은 마음으로 대표님의 절박한 스토리가 마음에 남아 이곳을 등록하게 되었다고 입을 모았다.

취업 시장과 창업 시장에서도 나를 판매해야 할 때 형태는 다르지만, 본질은 같다. 다른 수많은 경쟁자가 아닌 나를 선택해야 하는 이유를 상대에게 설득하는 것이다. 그럴 때 나를 차별화할 수 있는 것은 업무나 서비스와 연결될 수 있는 나만의 스토리다.

이 원리는 학생부 종합전형 입시에서도 똑같다. 이 학교에서 나를 왜 선발해야 하는가를 입학사정관에게 설득하는 것이다. 물론 여전히 기본은 갖추어야 한다. 하지만 나를 차별화하고 돋보이게 하는 것은 남보다 몇 점 뛰어난 것이 아니라 나만의 스토리다.

스토리를 만드는 힘 기르기

영어 공부도 마찬가지다. 사실 영어를 조금이라도 더 완벽하게 구사하려고 하는 것보다 영어시험 한 문제를 더 맞는 것보다 중요한 것은 나만의 스토리다. 나만의 스토리를 만들어내는 힘은 다양한 경험과 깊은 생각에서 온다. 우리 아이만의 것을 찾아주려 노력해야 한다.

그러므로 영어 공부를 하더라도 자신만의 생각을 키워가는 방법을 익혀가야 한다. 모두가 함께 같은 내용을 배우는 영어 교과서에서도 질문을 던지고 깊게 생각해볼 줄 아는 능력이 필요하다. 같은 영어 교과서로 공부해도 어떤 아이는 영어시험 점수만 받아간다. 하지만 다른 아이는 배운 내용에 질문을 던지고 관련 경험을 쌓아 자신만의 스토리를 만들어간다. 영어 교과서에서 턱수염으로 인해 차별받았던 이야기를 꺼내어보자.

'왜 턱수염으로 사람을 차별했을까?' '외모로 사람을 판단하는 것이 옳은 일일까?' '우리나라에는 왜 이렇게 성형외과가 많을까?' 이러한 질문을 토대로 외모로 인한 사회적 차별이라는 주제로 학생들의 인터뷰를 시행해본다. 설문조사로 통계를 내어보고 해결방안을 모색해보는 프로젝트에 참가한다. 학교에서 배운 내용을 바탕으로 교내 프로젝트를 수행했고 거기서 배운 경험과 깨달음은 의미 있는 나만의 이야기가 된다. 이러한 아이는 입시뿐 아니라 훗날 학교를 졸업한 후에도 경쟁력 있게 살아갈 수 있는 스토리 역량과 차별화 능력, 실행력을 이미 갖추게 된다. 중학생, 고등학생이 어떻게 혼자서 이런 것을 할 수 있냐 반문할 수 있다. 하지만 친구들끼리 도와서 선생님의 도움을 조금 받아서라도 이 정도 스토리를 풀어낼 수 있는 아이들이 서울 주요 대학에 합격하는 것이 현실이기도 하다.

그러므로 어렸을 때부터 그저 맹목적인 공부가 아니라 생각하는 능력을 조금씩 키워주는 것이 좋다. 영어 하브루타를 통해 다양한 질문을 던지는 습관을 기르는 것이 좋다. 나만의 이야기는 스스로 던진 질문에서 출발하기 때문이다. 처음에는 부모님도 아이도 어색하고 낯설게 느껴질 수 있다. 정작 부모 세대인 우리는 많은 경우 이렇게 교육받아오지 못했기 때문이다. 학교와 학원에서도 구체적으로 알려주지 않지만, 앞으로 살아가는 데 꼭 필요한 스토리 역량은 부모가 먼저 알고 실천해 나가야 한다.

영어 점수, 영어 레벨보다 질문하는 능력 그리고 질문을 바탕으로 나만의 이야기를 만들어갈 수 있는 능력을 키워나가도록 해주자. 단순히 많은 양과 높은 수준의 영어 텍스트를 읽는 공부가 정답은 아니다. 열 개를 공부해서 하나를 남기는 것보다 하나를 깊이 있게 생각해서 열 개의 깨달음을 만들어가는 영어 하브루타 공부가 필요하다. 우리 아이만의 스토리는 공부의 양이 아닌 생각의 깊이에서 나오기 때문이다.

아이에게
힘과 용기를 준다

성적으로 상처받는 아이들

초등학생인 아이들을 보다가 중학생이 된 아이들을 보면 피부로 느껴지는 가장 큰 변화가 무엇일까? 바로 아이들의 표정이다. 작은 일에도 까르르 웃던 해맑은 얼굴이 점점 희미해지고 얼굴이 조금씩 굳어지는 아이들이 많다. 인터넷, 스마트폰, 게임, SNS의 영향으로 세상에 대해 더 빨리 알아가고 부정적인 영향을 많이 받기도 한다. 그래서인지 중학생 아이들을 처음 만났을 때는 사실 조금 겁이 나기도 했다.

하지만 오히려 자세히 들여다보면 여전히 마음이 여린 아이들이라 느껴질 때가 더 많았다. 키가 크든 덩치가 크든 화장을 하든 교복을 짧게 줄여 입든 지나가는 작은 말 한마디에도 크게 영향을 받는다. 특히 중학교 2학년이 되면, 아이들은 학교 성적으로 줄이 세워진다는 것 때문인지 더 불안함을 많이 느끼고 스트레스도 많이 받는다. 초등학교 때 비교적 자유로운 분위기에서 자신감 있게 공부했던 아이들조차 성적이라는 엄숙한 잣대 앞에 서면 움츠러드는 것이다. 성적 앞에 작아지고 상처받고 무기력해지는 경우도 부지기수다.

승현이는 얼마 전 분당으로 이사 온 학생이다. 원래는 아버지의 회사 발령으로 인구 수가 매우 적은 지방의 한 작은 도시에서 살다 왔다고 했다. 동네의 작은 영어 교습소에서 즐겁게 공부하던 아이가 큰 도시의 대형 영어학원에 다니니 스트레스가 이만저만이 아니라고 했다. 크게 걱정 없이 칭찬 듬뿍 받으며 지내왔는데, 중학생이 되어 전학까지 오니 너무 힘들다는 것이었다.

얼굴이 하얗고 삐쭉 마른 승현이는 외모도 행동도 아직 초등학생 티를 벗지 못한 아이였다. 부모님이 모두 바쁘셔서 아이는 밥도 제때 챙겨 먹지 못하고 삼각김밥으로 허겁지겁 배를 채우면서 여러 학원을 돌아다녔다. 아이가 처음 왔을 때보다 점점 더 지쳐 보여 마음이 아팠다.

설상가상으로 학원에서 시험을 보고 평균 78점에 40점을 받았다. 어머니는 아이가 지금 당장 공부를 못하는 것보다 자꾸 자신감을 잃어가는 것이 걱정되고 힘들다고 하셨다. 다시 살던 곳으로 이사갈 수 있는 상황도 아니었다. 하지만 또 아이가 이런 상태에서 입소문 난 유명한 학원들을 계속 보낸다 한들, 쟁쟁한 아이들의 틈바구니에서 상처받고 힘들어할 것이 뻔한 상황이라 하셨다. 이런 상황에서는 무조건 공부를 더 하게 하는 것보다는 힘과 용기를 주는 것이 우선이라 생각해 아이를 잠깐 불렀다.

힘과 용기를 주는 대화하기

"승현아, 영어시험 보고 매우 속상했나 보다."

"네, 다른 아이들은 진짜 잘하는데, 저만 매번 못하는 것 같아요…."

"승현이는 예전에 영어시험을 본 적이 있니?"

"아니요. 이렇게 어려운 시험을 본 건 처음이었어요. 전 문법도 처음 배워요."

"아, 그렇구나. 뭐든지 처음부터 잘하는 사람들이 있을까?"

"아니요. 그렇긴 한데…."

"맞아. 선생님이 비밀로 하려고 했는데, 이야기해줄게. 고등학교 때 수능처럼 보는 모의고사가 있어. 수능 알지? 고등학교 처음 입학해서 엄청나게 낮은 점수를 받았어. 완전히 충격 받아서 집에서 엉엉 울었지. 승현이라면 어떻게 했을 것 같아?"

"아, 수학 공부를 엄청 열심히 했을 것 같아요."

"맞아. 독하게 수학 공부를 했어. 눈만 뜨면 수학책 펴고 자기 전에도 수학책을 봤지."

"그래서, 수학 점수가 많이 올랐어요?"

"처음 점수가 워낙 낮아서 조금씩 올라갔지만, 다른 친구들에 비교하면 그리 높은 점수는 아니었어. 그래서 수학을 포기해야 하나 고민도 했었는데, 그냥 꾸준히 했어. 나보다 덜 공부하는 것처럼 보이는데 더 높은 점수가 나오는 친구들도 있었지."

"아. 속상할 것 같아요. 저도 열심히 하려고 하긴 하는데."

"응. 그래도 선생님은 국어와 영어를 좋아했었어. 다행히 나중에 영어 논술로 원하는 대학에 갔어. 만일 수학 점수가 안 나온다고 속상해하기만 했다면 어땠을까?"

"그럼 대학 못 가셨을 거예요. 하하하."

"응. 선생님이 지나고 보니까 다른 친구들하고 비교한 점수도 중요하지만, 더 중요한 건 뭐였을 것 같아?"

"아. 그래도 포기하지 않고 꾸준하게 공부해온 거요."

"응. 맞아. 당장 잘한다고 느껴지면 노력을 안 하게 되더라고. 내가 잘하는데 뭐. 하면서 뽐이나 내고 싶고 말이야."

"네, 저도 너무 다른 친구들과 비교했던 것 같아요. 사실 어렸을 때처럼 칭찬받고 싶고 그렇거든요."

"맞아. 선생님도 그랬어. 승현이도 오늘 선생님이랑 틀린 문제 같이 확인하면서 조금 더 실력을 쌓아보자. 지금 점수가 내년 시험 점수여야 한다는 건 아니잖아?"

"네, 맞아요. 그럼 안돼요."

"응. 역시 똑똑하네. 승현이는 욕심이 있고 의지가 있어서 충분히 할 수 있어. 봐봐. 눈이 이글이글 타오르잖아."

"하하하. 이글이글하니까 징그러워요."

그 이후에도 아이의 학습이나 생활에 대해 작은 칭찬을 꾸준히 해주었다. 숙제를 잘 해오거나, 단어시험 점수가 향상되거나 발표를 할 때 더 크게 칭찬해주었다. 아직 아이라서 그런지 금세 회복되어 다시 환하게 웃는 모습을 볼 수 있었다. 분당에서 일을 그만

두게 되었을 때, 아이가 소식을 듣고 찾아와 어디 가시냐며 쫓아가겠다고 울먹이던 모습이 여전히 마음에 남는다.

아이들은 생각보다 성적 비교에 상처를 많이 받는다. 시험 점수로 인해 내가 특별하지 않은 존재라고 느끼기도 하고 그로 인해 자존감이 낮아지기도 한다. 아침부터 일찍 일어나서 학교에 가고 오후에 끝나고 학원에 가고 밤에는 집에서 숙제하는 쳇바퀴 같은 일상에 힘들어하는 아이들도 많다. 마치 우리 어른에게는 별 보고 출근해서 달 보며 퇴근하듯이 말이다.

그러면서도 동료와의 경쟁, 상사의 질타를 걱정하고 미래에 대해 불안해하는 그런 마음과도 같을 것이다. 마치 직장인이 KPI로 사업가가 매출이나 손익으로 지칭되는 성과로 늘 평가를 받듯, 아이들은 늘 성적이란 하나의 잣대로 평가를 받으며 불안과 좌절에 시달리기도 한다. 어쩌면 당장 영어 실력보다 더 관심을 가져줘야 할 것은 우리 아이들의 마음이다. 특히 부모의 말 한마디와 작은 눈빛에 큰 영향을 받는다는 것을 느낀다. 경쟁과 두려움과 좌절로 움츠러든 마음에 공감과 질문과 대화로 아이의 마음을 어루만져 주자.

아이에게 힘과 용기를 주는 영어 칭찬

넌 가능성이 충분해.

You have great potential.

넌 결국 잘해 낼 거라고 확신해.

I am sure you will do great.

너는 내가 널 자랑스러워하게 만들어.

You make me so proud of you.

멋진 노력이었어.

Excellent try!

네 의견이 중요해.

Your opinions matter.

너를 믿어.

I believe in you.

네 답은 창의적이야. 정말 좋아.

Your answer is creative. I love it.

넌 의지가 강한 아이야. 계속 노력을 이어가렴.

You are determined. Keep on trying.

넌 이대로 꾸준히 하면 돼.

You can stay on track.

너는 멋진 지도자가 될 수 있어.

You can be a good leader.

나는 네가 정말 열심히 하는 게 보여.

I can see you are working very hard.

누구도 완벽하지 않아. 괜찮아.

Nobody is perfect, and that is okay.

너는 네 실수로부터 배울 수 있어.

You can learn from your mistakes.

너는 언제나 모든 사람을 만족시킬 수 없어.

You can't always make everyone happy.

나는 최선을 다하는 네 모습을 보는 것이 기뻐.

I love seeing you try your best.

네가 마음을 먹는다면, 넌 할 수 있어.

You can do it if you set your mind to it.

영어 공부에
아이 생각을 담는다

도구가 아닌 목적이 된 영어

내가 어렸을 때 어머니는 자신이 영어를 배우지 못한 것에 대해 아쉬움이 크게 남았다고 하셨다. 그래서 경제적으로도 넉넉하지 않았을 때도 아껴 먹고 아껴 입어도 영어교육을 위해서는 과감히 지갑을 열던 분이셨다. 당시에는 영어를 잘 하는 사람이 희소했기 때문에, 의사소통될 정도로 영어만 잘해도 너도나도 모셔가는 분위기였다. 조기유학과 고급영어 전문학원이 성황을 이루기 시작했던 기억이 있다. 우리 어머니와 같은 마음을 가진 학부모님들이 너도나도 영어교육에 열을 올리기 시작했다.

이러한 영어교육 열풍이 막 시작되었을 때 자란 세대가 지금의 30대 혹은 40대이다. 더 젊은 사람일수록 평균적으로 영어교육을 시작한 시기가 빠르다. 예를 들어, 예전과 비교해 많은 중학생 아이들이 완벽하지 않더라도 자기 생각을 한두 문장 정도 짧게나마 영어로 표현해낸다. 해외 체류 경험이 있는 아이들도 늘어났다. 예전과 비교하면 외국 여행 기회도 많아졌고, 원어민 선생님과 수업을 받는 것도 수월해졌다. 하다못해 인터넷만 연결되어도 영어 공부의 기회는 얼마든지 있다. 영어만 잘해도 희소성이 있을 때는 영어를 목표로 공부해도 충분했다.

하지만 지금은 전반적으로 영어 수준이 상향으로 평준화되었다. 또한 영어가 도구라기보다 목적으로 인식되는 데 가장 큰 원인은 학교 시험 방식이 아닐까 한다. 물론 영어로 짧게 글을 쓰거나, 다양한 조별 활동을 하는 수행평가의 비중이 높아졌다. 형평성과 효용성 논란이 있지만, 영어를 도구로 활용하고자 하는 변화의 움직임이다.

그럼에도 아직 성적을 구분 짓는 변별력은 수행평가가 아닌 지필고사에 있다. 지필고사는 말 그대로 영어 지식이 목적이 되는 시험이다. 문법으로 예를 들어보면, to+동사원형이라는 to 부정사 용법을 외우고 구분하고 잘못 쓰인 것을 골라내는 등의 지식 습득을 주로 한다. 그렇다 보니 배운 문법을 도구로 내 생각을 담는다기보다 문법 지식 자체가 목적이 되어버렸다. 이렇다 보니 아이들은 자연스럽게 영어를 도구가 아닌 목적으로 접하게 된다.

영어를 기본적으로 구사할 수 있는 능력은 여전히 중요하고 앞으로도 계속 그럴 것이다. 하지만 영어를 원어민처럼 유창하게 하거나, 영어시험 점수가 높은 그 자체만으로 누릴 수 있는 것들이 많이 줄어들고 있다. 영어 파트타임 선생님을 고용하는 업무 지침이 있었다. 교포이거나 교포급 영어를 구사해야 하며, 시급은 최대

10000원. 이러한 조건으로 선생님을 모실 수 있을까 걱정했던 것은 너무 순진한 생각이었다. 막상 구인광고를 올리고 나니, 한 분을 모시는 데 서른 분도 넘게 지원했다.

번역 업계도 크게 다르지 않다. 아주 특별한 기술번역을 제외하고는 A4 기준으로 페이지당 5000원이면 깔끔한 번역 서비스를 받을 수 있다. 물론 여전히 몸값이 높은 유명 강사나 전문 번역사들이 있지만, 단순히 영어 실력이 뛰어난 것이 아니라 개인 브랜딩을 구축한 극소수의 이야기다.

어학 업계가 아닌 다른 직군들도 상황은 거의 비슷하다. 업무 실력이 비슷하다는 전제하에 기왕이면 영어를 잘하는 사람을 뽑지, 영어를 더 잘한다고 해서 그 사람을 전적으로 채용하지 않는 경우가 더 많다.

영어 공부에 대한 가치관 세우기

아이들이 교육이라는 울타리 안에서 영어를 목표로 열심히 공부하는 것과 달리, 이미 사회는 영어를 전부가 아닌 일부로 바라보고 있다. 영어라는 그 자체보다 중요한 것이 무엇일까. 우리 아이가 영어를 배우기 시작할 때부터 영어는 생각을 담는 도구로써 바라보아야 한다. 영어 공부가 단순한 언어 습득이 아니라, 생각하는 힘을 키워가는 과정이 되도록 해야 한다.

갓 입사한 신입사원이라도 자신의 목표를 어디로 바라보느냐에 따라 일을 배워가는 방향과 속도와 깊이가 모두 달라진다. 미래의 사장으로 자신을 바라보는 사원과 주어진 시간을 보내고 월급 받는 사람으로 바라보는 신입사원 중 어떤 사람이 더 사회적인 성공 확률이 높을까.

영어를 갓 배우기 시작한 우리 아이도 마찬가지다. 비록 지금 당장 우리 아이가 영어를 막 공부하기 시작했다 하더라도, 결국 무엇을 향해 가는지가 중요하다. 영어 공부에 대한 가치관이 곧 아이 공부의 목표가 되기 때문이다. 부모의 목표와 바람이 막연히 친구네 자식만큼 영어 레벨이 높았으면 좋겠다는 것은 아니었는지 돌아보자. 일단 방법은 모르겠고 영어 시험성적만 잘 내주는 곳이면 어디든 데려가겠다는 마음가짐은 아니었는지 생각해보자. 부모가 먼저 우리 아이 영어 공부의 이유를 깊이 생각해보자.

영어 공부에 아이의 생각 담기

우리 아이가 영어 공부를 하며 생각하는 힘을 기르고 싶다면, 영어라는 도구 속에 자기 생각을 조금씩 담아볼 수 있게 해준다. 알파벳과 파닉스와 같은 기초가 다져지고 나면 영어로 듣고 말하기를 훈련하게 된다. 이 과정에서부터 아주 작고 사소한 것이라도 스스로 생각할 수 있는 질문을 준다. 혹은 스스로 질문을 떠올릴 수 있게끔 해준다. 바로 영어 하브루타의 목적이다.

물론 영어로 의사소통을 배우기 시작하는 단계라면 지식을 흡수하는 기본적인 암기 과정이 많이 필요하다. 표현은 암기의 반대말이 아니다. 지식의 암기와 경험이 결국 생각과 표현의 재료가 되기 때문이다. 하지만 값비싼 요리 재료가 많다고 해서 맛있는 음식이 탄생하는 것은 아니다. 몇 가지 재료만으로도 요리하는 방법을 배워가면서 재료를 조금씩 늘려가야 더 맛있고 다양한 음식이 나오지 않을까.

예를 들어, 외우는 단어의 양도 늘려가지만, 그보다 중요한 것은 적어도 한두 개의 단어를 뽑아 나의 문장을 만들어 보는 것이다. Father의 뜻은 아빠. 스펠링은 f.a.t.h.e.r.에서 더 나아가 father을 포함한 생각 문장을 적어본다. I like my father. 단순해 보이지만, 이 문장을 쓰면서 주어 다음에 동사가 나오는 것이 영어 문장 만들기의 시작임을 배운다. 그리고 여기에 더해 아빠가 왜 좋은지. 너에게 좋은 아빠란 어떤 아빠인지. 아빠랑 해보고 싶은 것이 무엇인지 대화를 나누면서 아이의 생각을 물어볼 수 있다.

이렇게 공부하는 과정에서 영어단어를 외우는 속도는 조금 더 딜 수 있지만, 생각하는 습관이 자연스럽게 체화된다. 또한 일상 대화에서는 알기 어려운, 아이가 어떤 걸 어떻게 느끼고 생각하며 살아가는지를 알아갈 수 있다. 꼭 책이나 공부의 형태가 아니더라도 아이가 좋아하는 것을 활용해볼 수도 있다.

예를 들어, 반 고흐의 '별이 빛나는 밤'이라는 작품을 같이 본다고 생각해보자. 이 그림은 미술 교과서에서 자주 등장하는 유명한 그림이라 아이들에게 비교적 친숙하다.

Do you like the painting? Why or Why not?
이 그림이 좋니? 이유는?

Why did Van Gogh use dark color?

왜 반 고흐는 어두운 색깔을 사용했을까?

Why is the painting famous?

이 그림은 왜 유명할까?

Can you guess how much the painting is?

이 그림이 얼마인지 추측해볼래?

Why is the painting so expensive?′

이 그림은 왜 이렇게 비쌀까?

그릇에 담긴 탐스러운 과일을 생각해보자. 그릇은 영어고 과일은 생각이다. 그릇은 꼭 필요하다. 하지만 그릇은 결국 과일을 담기 위해 존재한다. 우리에게 그릇보다 중요한 것은 과일이다. 영어 공부라는 그릇에 아이의 생각이라는 과일을 담아보자.

아이와 함께
10년 후의 모습을 그려본다

밝은 미래를 상상하는 힘

세계적인 자기계발 코치이자 베스트셀러 작가인 브렌든 버처드는 《식스 해빗》이라는 책에서 뛰어난 성과를 위한 6가지 습관을 소개했다. 내 삶에 반드시 남겨야 할 6가지 습관 중 첫 번째는 바로 원하는 것을 명확하게 그리는 것이다. 당신의 10년 후 모습을 마음속에 품어보고 글로 상세하게 적어본다. 이러한 과정에서 상상한 모습을 자연스럽게 현실인 나의 모습으로 만들기 위해 무엇을 할지 생각하라는 것이었다.

몇 년 전 교육컨설팅회사에 근무하고 있을 때, 몸과 마음이 많이 지쳐가는 시기가 있었다. 여러 가지 프로젝트를 한꺼번에 진행하고 있어서, 야근과 외근은 일상이었고 주말에 출장까지 다녀야 했다. 당장 처리해야 할 오늘의 긴급한 일이 많았던 회사생활에서 내일을 생각할 마음의 여유가 없었다. 매일 오전 출근길에 눈꺼풀이 가라앉았고, 그저 최대한 능숙하고 빠르게 일을 하나씩 처내기 급급했다.

나의 반짝이는 미래를 꿈꾸지도 행복한 현재를 즐기지도 못했다. 늘어나는 화와 짜증과 무기력함과 싸워야 했다. 물론 매일 성실하게 살아가는 것이 중요하다. 하지만 주어진 것만 열심히 하다 보면, 그렇게 시간이 흐르고 나면 과연 내가 꿈꾸지도 않은 미래가 저절로 펼쳐질까? 나의 성실함의 방향이 어디를 향하는지, 나는 과연 어떤 삶을 살고 싶은지, 10년 후에 꿈꾸는 나의 모습이 무엇일지 그려보는 것이 좋다.

나는 책을 읽어가며 스스로 질문을 던지곤 한다. 과연 내가 꿈꾸는 10년 뒤 그리고 20년 뒤의 나의 모습은 무엇일까. 생각하는 힘을 기르는 영어교육을 우리나라 현실에 맞게 디자인하는 사람. 더 나은 세상을 위해 조금이나마 이바지하고 싶은 사람.

사실 너무 거창하고 불가능할 것처럼 느껴졌지만, 내 미래의 모습을 선명하게 그려보자 오늘 하루가 소중해졌다. 직장에 다니는 것이 월급을 받기 위해 소모되는 시간이 아니라, 가치를 창출하는 법을 연습하고 내 꿈을 키워가는 학교가 되었다. 물론 현실은 크게 달라지지 않았지만 말이다. 아직 월급봉투가 두꺼워지지 않았고 주말에도 출근해야 하는 일이 일상이다.

하지만 미래의 내 꿈을 생각하면서 일을 하기 시작하자, 작은 일 하나도 책임감을 느끼고 긍정적인 마음으로 하게 되었다. 게다가 출퇴근길에 교육 관련 책이나 다큐멘터리를 찾아보고 필요하다면 틈틈이 강의를 찾아 들었다. 배운 내용으로 업무에 적용해 보고 이러한 경험을 토대로 책을 쓰게 되었다. 나의 10년 후 모습을 그려보고 나니, 매일 일하는 하루하루가 흐리멍덩한 일상의 연속이 아니라 꿈을 이루어가는 행복하고 의미 있는 시간이 된 것이다.

사실 우리 아이들도 어른들과 크게 다르지 않다. 매일 아침 학교에 가고 학원에서 늦게까지 공부하고 돌아오면 또 숙제하느라 바쁘다. 심지어 주말에도 학원에 가서 공부하는 아이들이 많다. 아주 어린 아이들조차 학습량이 버거워 표정이 어두워지거나 축 처진 모습을 보면 정말 안타깝다. 많은 아이들이 매일같이 열심히 공부하기 위해 종일 앉아 있어야 한다. 반드시 해야만 하는 공부이기에, 해야 하는 숙제이기에, 모두가 다니는 학원이기에. 그래서 그저 의무감을 느끼고 하는 것이다.

가끔 학생들이 자랑스럽게 이야기하는 것을 듣는다. "엄마가 90점 넘으면 최신형 스마트폰 사주신대요." "이번 시험 점수 오르면 할머니가 용돈 주시기로 했어요." 아이들이 열심히 노력하고 성취한 대가로 보상과 격려를 해주고 싶은 부모님의 마음이 이해는 간다. 하지만 한편으로는 공부에 대한 동기부여가 물질적인 보상으로 이루어진다는 것에 대해 우려하는 마음도 든다.

친한 선생님도 처음 아이들을 가르치기 시작했을 때 비슷한 방법으로 동기부여를 했다고 이야기한 적이 있다. 시험 점수 80점 이상이면 피자를 사준다는 약속을 했다는 것이다. 그렇게라도 무기력한 아이들에게 시험 점수에 대한 욕심과 목표를 주고 싶었기 때문이다. 또 어떤 어머니는 아이에게 피시방에 가서 게임하는 돈을 주는 조건으로 숙제를 하게끔 유도하기도 했다. 하지만 이러한

외재적 보상은 결코 장기적으로 지속될 수 있는 동기부여 방법이
아니다.

10년 뒤의 모습을 그려보기

그렇다면 아이들이 10년 그리고 20년 뒤의 모습을 그리는 것이
가능할까? 사실 누가 말해주지 않아도 스스로 생각하기는 어렵다.
하지만 부모의 도움이 있다면 충분히 가능하다. 아이들에게 미래
시제를 가르칠 때, 활동 과제로 내어준 적이 있다.

Let's imagine ourselves in 10years.

We will be able to speak English fluently.

10년 후 우리의 모습을 상상해보자.

우리는 영어를 아주 유창하게 잘할 거야.

초등학생 4학년 학생들이었는데, 오히려 거침없이 자신의 꿈을
그렸다. 로봇을 만들고 싶은 아이는 여러 나라 말을 할 줄 아는 로
봇을 만들어 수출할 것이라 했다. 그리고 자신부터 영어에서 해방
될 것이라는 농담 섞인 진담도 했다. 컴퓨터 공학자를 꿈꾸는 아
이는 미국 회사 구글에서 꼭 일해보고 싶다고 했다. 선생님이 되
고 싶은 아이는 외국에서 영어로 한국어를 전파할 것이라 했다.
여행을 좋아하는 아이는 아빠처럼 회사에 다니면서 돈을 벌고, 관
광 가이드를 취미로 하고 싶다 했다. 판타지 소설을 좋아하는 아

이는 영어로 책을 써서 돈을 많이 벌 것이라 했다. 재미있는 상상 시간이었다.

하지만 많은 경우 이런 행복하고 무엇보다 의미 있는 상상을 할 여유와 시간이 없다. 이러한 상상이 자리 잡기 전에 의무적으로 해야 할 공부들이 너무 많다. 또한 전혀 상상하거나 생각할 필요가 없는 자극적이고 재미 위주의 게임이나 영상이 아이들을 유혹하기 때문이다.

부모의 꿈을 먼저 들려주기

물론 처음부터 아이와 대화로 함께 꿈을 생각해보고 만들어간다는 것이 어색하게 느껴질 수도 있다. 하지만 아이와 함께 10년 뒤를 그려보는 것은 분명 의미 있는 일이다. 그리고 부모인 나의 10년 뒤의 꿈을 먼저 아이에게 들려주자. 자기에게 공부하라고 실컷 잔소리하고 안방 가서 드라마를 보는 엄마가 밉다는 아이의 말이 기억난다.

"Don't worry that children never listen to you; worry that they are always watching you.(당신의 자녀들이 말을 듣지 않는다는 것을 걱정하지 말고, 당신을 항상 지켜보고 있는 것을 걱정하라.)"는 로버트 풀검의 명언이 있다. 부모가 먼저 10년 뒤의 모습을 그려보고 아이에게 이야기를 들려주자. 아이에게 했던 말 때문이라도 내 꿈에 대한 책임감이 생길지도 모른다. 그리고 그런 모습을 우리 아이가 보고 닮아간다. 그리고 우리 아이들이 자신의 10년 후 모습을 꿈꿔볼 수 있도록 질문을 던져주자. 네가 영어까지 잘한다면 어떤 모습일지 마음껏 상상하며 꿈을 키워갈 수 있도록 말이다.

다만, 부모의 욕심으로 아이에게 듣고 싶은 말을 두고 그 말을 끌어내는 실수를 하지 않으면 된다. 우리 아이가 그저 열심히 살아가는 것이 아니라 자신의 꿈을 갖고 즐겁게 하루하루 살아가길 바라는 것이 부모 마음일 것이다. 아이들이 자라갈수록 학교나 학원이 어쩔 수 없이 가는 곳이 아니었으면 한다. 억지로 공부하는 많은 아이를 보는 것이 정말 안타까울 때가 많다. 그러므로 자신의 미래를 그려볼 수 있게 하자.

물론 놀고 싶고 쉬고 싶지만 멋진 나의 미래 모습을 상상하며 공부할 수 있는 아이로 키워주는 것이다. 오늘부터 바로 아이와 함께 10년 후의 모습을 그려보자.

ABC

Part 3

하루 10분 하브루타
엄마표 영어 실천법

ABC

Part 3 일러두기

다음 본문 204쪽부터 시작되는 총 20개의 표현 하브루타 예시의 번역본은
284쪽에 있습니다.

〈영어 하브루타 맛보기〉실천 방법

1단계 암송합니다.	각자 역할을 정해 대화문을 암송해봅니다. 한글 해석을 보고 암송한 문장을 말해보면 좋습니다.
2단계 질문을 만들어 봅니다.	대화문 내용이나 상황과 관련하여 자유롭게 질문을 떠올려봅니다.
3단계 자기 생각을 말로 표현합니다.	주어진 질문에 대해 자기 생각을 간단하게 말로 표현해봅니다.
4단계 자기 생각을 글과 그림으로 표현합니다.	어떤 문제나 상황에 대한 아이디어를 그림이나 글로 표현해봅니다.

질문 중심 영어 하브루타: 1단계 + 2단계

대화 중심 영어 하브루타: 1단계 + 3단계

쓰기 중심 영어 하브루타: 1단계 + 4단계

2단계에서 4단계에 해당하는 하브루타는 영어나 한국어로 자유롭게 선택하여 진행합니다. 아이의 작은 아이디어도 존중하고, 스스로 생각을 정리하여 표현하는 노력에 대해 칭찬해주세요. 아이가 미처 생각해내지 못하는 부분에 대해서는 엄마의 의견을 먼저 보여주는 것도 좋은 방법입니다. 혹은 기다렸다가 다음번에 다시 이야기해보는 것도 좋습니다.

01

You are creative.
넌 창의적이야.

My favorite food is fried chicken.

Why do you like fried chicken?

I like it because fried chicken is crispy.

Fried chicken is not healthy.

We can eat fried chicken with salad.

You are creative.

5회 반복듣기

한글 보고 영어로 말하기

내가 가장 좋아하는 음식은 치킨이에요. (*favorite 가장 좋아하는)

왜 치킨을 좋아하니?

치킨은 바삭하니까요. (*crispy 바삭바삭한)

치킨은 건강하지 않아. (*healthy 건강한)

치킨을 샐러드와 함께 먹을 수 있어요.

넌 창의적이야! (*creative: 창의적인)

영어 하브루타
강의 듣기

대화문의 내용이나 상황과 관련하여 자유롭게 질문을 떠올려보아요.

질문예시

창의적이라는 것은 무슨 뜻일까?
What does the word 'creative' mean?

자기 생각 말하기 하브루타

정해진 답이 아닌 내 생각을 묻는 말에 서로 대답해봅니다.

What is your favorite food and why?
네가 가장 좋아하는 음식이 뭐야? 이유는?

Why do we eat healthy food?
왜 우리는 건강한 음식을 먹어야 할까?

How can you persuade your mom to eat fried chicken?
엄마에게 함께 치킨을 먹자고 어떻게 설득할래?
(*persuade 설득하다)

창의적으로 표현하기 하브루타

What is a healthy way to eat chicken?

Please draw it and explain. (*draw 그리다. *explain 설명하다)

치킨을 먹는 건강한 방법은 무엇일까요? 그것을 그려보고 설명해보세요.

예시

We can make 'samgyetang'

(Korean chicken soup)

because it is healthy.

ABC

창의적으로 표현하기 하브루타

What is a healthy way to eat chicken?

Please draw it and explain. (*draw 그리다. *explain 설명하다)

치킨을 먹는 건강한 방법은 무엇일까요? 그것을 그려보고 설명해보세요.

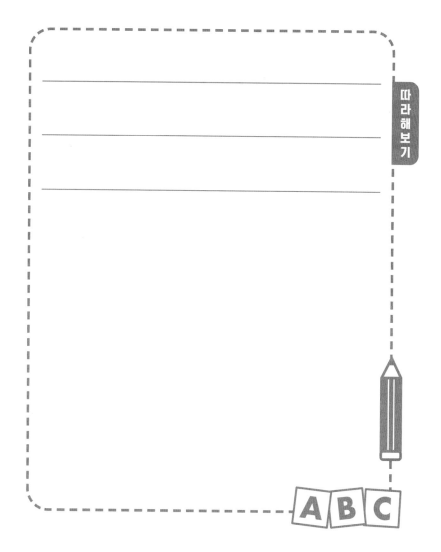

따라해보기

02

You are curious.
넌 호기심이 많아.

🧑 I want to go to Jeju Island.

👩 Why do you want to go to Jeju Island?

🧑 I want to taste Jeju Black Pork.

👩 My mouth is watering.

🧑 I want to see Hallasan Mountain too.

👩 You are curious.

5회 반복듣기

한글 보고 영어로 말하기

🧑 저 제주도 가고 싶어요. (*Jeju Island 제주도)

👩 왜 제주도에 가고 싶니?

🧑 제주 흑돼지를 맛보고 싶어요. (*Jeju Black Pork 제주 흑돼지)

👩 군침이 돈다. (*water 침이 고이다)

🧑 한라산도 보고 싶어요. (*Hallasan Mountain 한라산)

👩 넌 호기심이 많아. (*curious 호기심이 많은)

영어 하브루타
강의 듣기

대화문의 내용이나 상황과 관련하여 자유롭게 질문을 떠올려보아요.

질문예시

제주 흑돼지는 한국 어디에서나 살 수 있지 않을까?
Can't we buy Jeju Black Pork anywhere in Korea?

자기 생각 말하기 하브루타

정해진 답이 아닌 내 생각을 묻는 말에 서로 대답해봅니다.

Where do you want to travel and why?
네가 여행하고 싶은 곳은 어디야? 이유는?

Tell me three things that we can do during that trip.
그 여행에서 우리가 할 수 있는 것 3가지를 이야기해보세요.

Why do we travel?
왜 우리는 여행을 할까?

창의적으로 표현하기 하브루타

Imagine that you are a travel agent.

Plan a special trip for your grandparents.

여행사 직원이라고 상상해보세요.

할머니와 할아버지를 위한 특별한 여행을 계획해보세요.

I want to plan a carriage trip.

My grandparents have tired legs.

창의적으로 표현하기 하브루타

Imagine that you are a travel agent.

Plan a special trip for your grandparents.

여행사 직원이라고 상상해보세요.

할머니와 할아버지를 위한 특별한 여행을 계획해보세요.

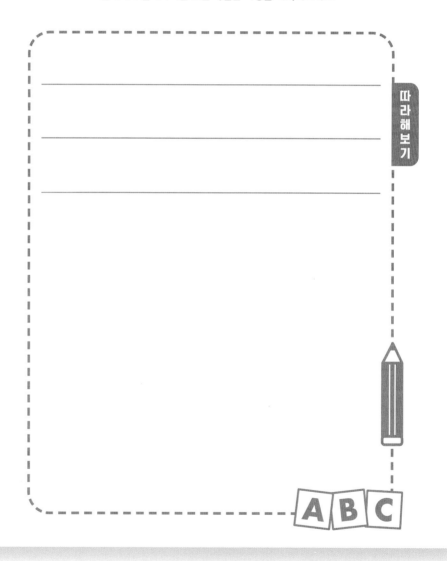

03

You are humorous.
넌 재미있어.

- Ddong likes me.
- Why does Ddong like you?
- Because I make funny faces.
- What kind of funny face do you make?
- I make a piggy face.
- You are humorous.

5회 반복듣기

한글 보고 영어로 말하기

- 똥이는 나를 좋아해요.
- 똥이는 왜 너를 좋아하지?
- 제가 웃긴 얼굴을 만들기 때문이에요. (*funny 웃긴, 재미있는)
- 어떤 웃긴 얼굴을 만드는데?
- 전 돼지 닮은 얼굴을 만들거든요. (*piggy face 돼지 닮은 얼굴)
- 넌 재미있어. (*humorous 재미있는, 유머러스한)

대화문의 내용이나 상황과 관련하여 자유롭게 질문을 떠올려보아요.

질문예시

How can we make a piggy face?
돼지 닮은 얼굴을 어떻게 만들까?

자기 생각 말하기 하브루타

정해진 답이 아닌 내 생각을 묻는 말에 서로 대답해봅니다.

Who is your best friend and why?
누가 너의 가장 친한 친구니? 이유는?

How different are you from your best friend?
너의 친한 친구와 너는 어떻게 다르니?

What can you learn from your best friend?
너의 친한 친구로부터 무엇을 배울 수 있니?

창의적으로 표현하기 하브루타

If you had a shy friend,

how would you help him or her make friends?

만약 너에게 수줍은 친구가 있다면,

어떻게 그 친구가 새로운 친구들을 사귈 수 있게 도와줄 수 있을까?

예시

A shy friend can join

my birthday party.

Birthday Party
Invitation

창의적으로 표현하기 하브루타

If you had a shy friend,

how would you help him or her make friends?

만약 너에게 수줍은 친구가 있다면,

어떻게 그 친구가 새로운 친구들을 사귈 수 있게 도와줄 수 있을까?

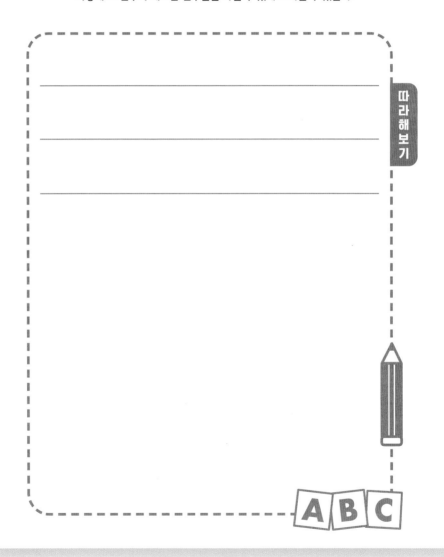

따라해보기

04

You are one of a kind.
넌 아주 특별해.

5회 반복듣기

- Why the long face?
- I wish I had big eyes.
- You have beautiful eyes.
- My other friends have big ones.
- Sweetie, You are one of a kind. I love you as you are.

한글 보고 영어로 말하기

- 왜 이렇게 시무룩해? (*long face 시무룩한 얼굴)
- 더 큰 눈을 가졌으면 좋겠어요.
- 넌 아름다운 눈을 가졌어.
- 하지만 다른 친구들은 다 눈이 커요.
- 우리 넌 특별하단다. (*one of a kind 독특한, 특별한)
  난 네 모습 그대로 사랑해.

영어 하브루타
강의 듣기

대화문의 내용이나 상황과 관련하여 자유롭게 질문을 떠올려보아요.

질문예시

Can small eyes be beautiful?
작은 눈이 아름다울 수 있을까?

자기 생각 말하기 하브루타

정해진 답이 아닌 내 생각을 묻는 말에 서로 대답해봅니다.

Which part of your body are you happy with the most and why?
네 신체 중 어떤 부분이 가장 마음에 드니? 이유는?

What makes you special?
너를 특별하게 하는 것은 무엇일까?

How can you become better than yesterday?
어떻게 하면 어제보다 더 나은 네가 될 수 있을까?

창의적으로 표현하기 하브루타

Imagine that you are a candidate of a class leader election.

Make a campaign poster to introduce your special characteristics.

당신이 반장선거 후보자라고 상상해보세요.

당신의 특별함을 소개하는 선거 홍보 포스터를 만드세요.

창의적으로 표현하기 하브루타

Imagine that you are a candidate of a class leader election.

Make a campaign poster to introduce your special characteristics.

당신이 반장선거 후보자라고 상상해보세요.

당신의 특별함을 소개하는 선거 홍보 포스터를 만드세요.

05

I am proud of you.
난 네가 자랑스러워.

> 🙂 Mom, I am sorry.
>
> 👩 Why?
>
> 🙂 I did not pass the math test.
>
> 👩 It's okay. What can you do?
>
> 🙂 I can ask my teacher questions.
>
> 👩 I am proud of you.

5회 반복듣기

한글 보고 영어로 말하기

> 🙂 엄마 죄송해요.
>
> 👩 왜?
>
> 🙂 수학시험 통과 못 했어요. (*pass 통과하다)
>
> 👩 괜찮아. 그럼 무엇을 할 수 있을까?
>
> 🙂 선생님께 질문할 수 있어요.
>
> 👩 난 네가 자랑스러워. (*proud 자랑스러운)

영어 하브루타
강의 듣기

대화문의 내용이나 상황과 관련하여 자유롭게 질문을 떠올려보아요.

질문예시

Why does mom feel proud?
엄마는 왜 자랑스럽다고 느낄까?

자기 생각 말하기 하브루타

정해진 답이 아닌 내 생각을 묻는 말에 서로 대답해봅니다.

What makes you proud of your parents?
부모님의 무엇이 자랑스럽니?

What makes you proud of yourself?
넌 자신의 무엇이 자랑스럽니?

What can you do to feel proud of yourself?
너 자신이 자랑스럽게 느껴지기 위해 무엇을 할 수 있을까?

창의적으로 표현하기 하브루타

Write a thank-you letter to your parents.

부모님에게 감사편지를 써보세요.

THANK YOU

Dear Mom,

Thank you for helping me

with my homework

because it is hard sometimes.

I am happy to be your son.

I love you.

Your son, Pong

A B C

창의적으로 표현하기 하브루타

Write a thank-you letter to your parents.

부모님에게 감사편지를 써보세요.

따라해보기

THANK YOU

06

What makes you happy?
널 행복하게 하는 건 무엇일까?

What makes you happy?

I am happy when I draw.

What can you draw well?

I can draw emoticons.

Really? Can I see?

Sure, have a look.

5회 반복듣기

한글 보고 영어로 말하기

널 행복하게 하는 건 무엇일까?

전 그림을 그릴 때 행복해요. (*draw 그리다)

무엇을 잘 그릴 수 있어?

전 이모티콘을 그릴 수 있어요.

정말? 봐도 될까?

물론이죠. 보세요.

영어 하브루타
강의 듣기

대화문의 내용이나 상황과 관련하여 자유롭게 질문을 떠올려보아요.

질문예시

What kind of emoticon was made?
어떤 종류의 이모티콘이 만들어졌을까?

자기 생각 말하기 하브루타

정해진 답이 아닌 내 생각을 묻는 말에 서로 대답해봅니다.

When was the happiest moment for you?
네가 가장 행복했던 때가 언제였니?

Why does the memory make you happy?
왜 그 기억이 너를 행복하게 하니?

How can you stay happy?
어떻게 하면 행복함을 느낄 수 있을까?

창의적으로 표현하기 하브루타

Write a happy diary.

행복 일기를 쓰세요.

Date	20th November, 2020

I went to my grandparents' house.

My grandmother made dumplings for me.

They were yummy. It was a happy day.

A B C

창의적으로 표현하기 하브루타

Write a happy diary.

행복 일기를 쓰세요.

따라해보기

Date	

A B C

07

Thank you for everything.
모든 것에 감사해요.

You are writing a thank you note.

Yes, I feel thankful.

I can walk, eat, play outside, and sleep.

I am glad to hear that.

Thank you for everything.

My darling, I love you.

5회 반복듣기

한글 보고 영어로 말하기

감사 노트 적는 중이구나.

네, 감사함을 느껴요. 전 걷고 먹고 나가서 놀고 잠도 잘 수 있어요.

그 말을 들으니 기쁘다.

모든 것에 감사해요.

귀염이. 사랑한다.

영어 하브루타
강의 듣기

대화문의 내용이나 상황과 관련하여 자유롭게 질문을 떠올려보아요.

질문예시

Why do we feel happy when saying thank you?
고맙다고 말하면 왜 행복해질까?

자기 생각 말하기 하브루타

정해진 답이 아닌 내 생각을 묻는 말에 서로 대답해봅니다.

To whom do you feel the most thankful? Why?
누구에게 가장 감사함을 느끼니? 왜?

Tell me five reasons why you are thankful.
네가 감사하는 이유 다섯 가지를 이야기해보자.

How can you always stay thankful?
어떻게 하면 항상 감사함을 느낄 수 있을까?

창의적으로 표현하기 하브루타

Make a thankful poem.

나에 대해 감사를 담은 시를 만들어 보자.

THANK YOU

I am thankful.
I have my family and friends.

I am thankful.
I can eat, walk and sleep.

I am thankful.
I am smart, happy and thankful.

I am thankful.
I thank me for being myself.

ABC

창의적으로 표현하기 하브루타

Make a thankful poem.

나에 대해 감사를 담은 시를 만들어 보자.

따라해보기

08

You can do it.
넌 할 수 있어.

I will make a speech tomorrow.

Is it your homework?

Yes. I am the speaker of my team.

Cool!

I am nervous.

Don' t worry. You can do it.

5회 반복듣기

저 내일 발표해요. (*speech 발표)

그게 네 숙제니?

네, 제가 우리 팀의 발표자예요. (*speaker 발표자)

멋진데! (*cool 멋진, 시원한)

저 떨려요. (*nervous 긴장한)

걱정하지 마. 넌 할 수 있어. (*worry 걱정하다, 걱정시키다)

영어 하브루타
강의 듣기

대화문의 내용이나 상황에 관련하여 자유롭게 질문을 떠올려보아요.

질문예시

What is the speech homework about?
발표 숙제는 무엇에 관한 내용일까?

자기 생각 말하기 하브루타

정해진 답이 아닌 내 생각을 묻는 말에 서로 대답해봅니다.

Have you ever been nervous? Why?
마음이 두근두근 떨려본 적이 있니? 이유는?

What can you do not to be nervous?
너는 떨리지 않기 위해 무엇을 할 수 있을까?

It's hard, but what are some things you can do on your own?
어렵지만, 너 스스로 할 수 있는 것들에는 무엇이 있을까?

창의적으로 표현하기 하브루타

Try to make an 'I can do it' song.

'나는 할 수 있다' 노래를 만들어 보자.

예
시

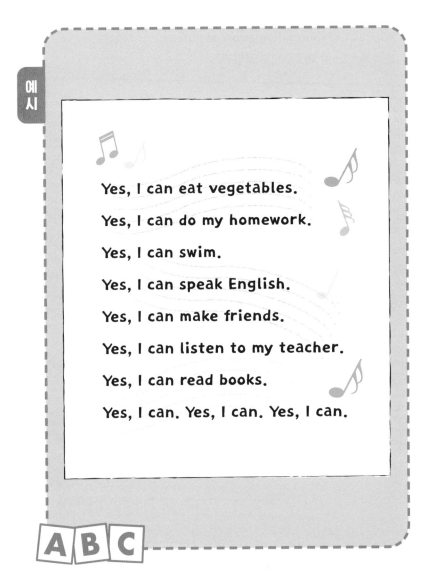

Yes, I can eat vegetables.

Yes, I can do my homework.

Yes, I can swim.

Yes, I can speak English.

Yes, I can make friends.

Yes, I can listen to my teacher.

Yes, I can read books.

Yes, I can. Yes, I can. Yes, I can.

창의적으로 표현하기 하브루타

Try to make an 'I can do it' song.

'나는 할 수 있다' 노래를 만들어 보자.

09

I understand you.
난 널 이해한단다.

It is freezing outside.

Did you wear a thick jumper?

No, I didn' t. I feel sick.

Oh, dear. Are you okay?

Sorry. I didn' t know the weather would be like this.

I understand you. Let me bring hot milk.

5회 반복듣기

밖에 너무 추워요. (*freezing 몹시 추운))

너 두꺼운 점퍼 입었니? (*thick jumper 두꺼운 점퍼)

아니요. 저 아픈 것 같아요. (*feel sick 아픔을 느낀다)

오 저런. 괜찮아? (*Oh, dear 오 저런)

죄송해요. 날씨가 이럴 줄 몰랐어요. (*weather 날씨)

난 널 이해한단다. 따뜻한 우유를 가져다줄게.

(*understand 이해하다, *bring 가져오다)

질문 만들기 하브루타

 영어 하브루타
강의 듣기

대화문의 내용이나 상황과 관련하여 자유롭게 질문을 떠올려보아요.

(질문예시)

What was the child wearing?
저 어린이는 무엇을 입고 있었을까?

자기 생각 말하기 하브루타

정해진 답이 아닌 내 생각을 묻는 말에 서로 대답해봅니다.

How would you feel if you were the child?
만일 네가 저 아이라면, 어떤 기분이 들까?

Tell me three things that the child can do next time not to have a cold?
다음번에 감기에 걸리지 않기 위해 저 아이가 할 수 있는 세 가지를 말해보자.

How can you help if you see a friend who caught a cold?
감기에 걸린 친구가 있다면 어떻게 도울 수 있을까?

창의적으로 표현하기 하브루타

If your parents were sad, what would you do for them to be happy?

만약 네 부모님이 슬프다면,

그들을 행복하게 할 수 있기 위해 무엇을 할 수 있을까

예시

When my parents are sad, I can dance.

They like my singing and dancing.

We can sing and dance together.

창의적으로 표현하기 하브루타

If your parents were sad, what would you do for them to be happy?

만약 네 부모님이 슬프다면,

그들을 행복하게 할 수 있기 위해 무엇을 할 수 있을까

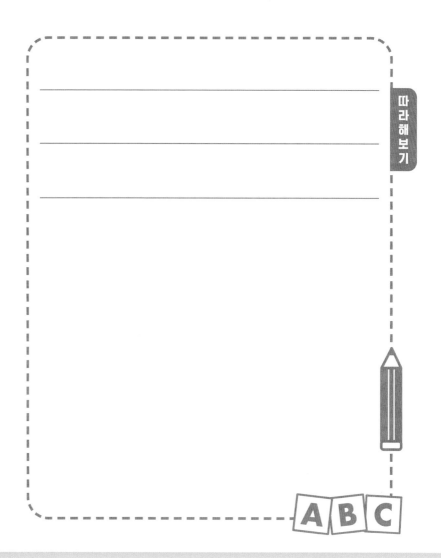

10

What is love?
사랑이란 무엇일까요?

My sweetheart, I love you.

What is love?

That's a great question. What is love?

Love is giving food.

Giving food?

I can give food when I only love.

5회 반복듣기

한글 보고 영어로 말하기

우리 아가, 사랑한다.

사랑이 뭐예요?

정말 멋진 질문인데 (*great question 멋진 질문). 사랑이 뭘까?

사랑은 음식을 주는 것이에요. (*give 주다)

음식을 주는 것?

내가 사랑할 때만 음식을 줄 수 있어요. (*only 오직, ~만)

영어 하브루타
강의 듣기

대화문의 내용이나 상황과 관련하여 자유롭게 질문을 떠올려보아요.

질문예시

What kind of food does the child give?
저 어린이는 어떤 종류의 음식을 줄까?

자기 생각 말하기 하브루타

정해진 답이 아닌 내 생각을 묻는 말에 서로 대답해봅니다.

If you love someone, what can you do for him or her?
만일 네가 누군가를 사랑한다면, 무엇을 해줄 수 있을까?

When can you feel that you are loved?
네가 사랑받고 있다는 것을 언제 느낄 수 있니?

What would happen if there was no love in the world?
세상에 사랑이 없다면 무슨 일이 벌어질까?

창의적으로 표현하기 하브루타

Are there any different ways to draw 'love' without using the shape of a heart? Let's draw.

하트 모양 말고 사랑을 그릴 수 있는 다른 방법들이 있을까? 그려보자.

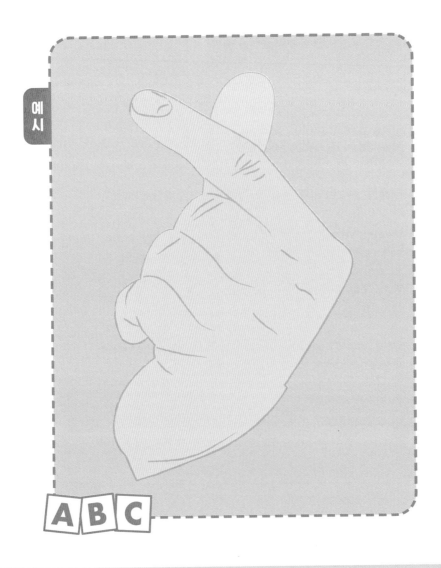

예시

A B C

창의적으로 표현하기 하브루타

Are there any different ways to draw 'love' without using the shape of a
heart? Let's draw.

하트 모양 말고 사랑을 그릴 수 있는 다른 방법들이 있을까? 그려보자.

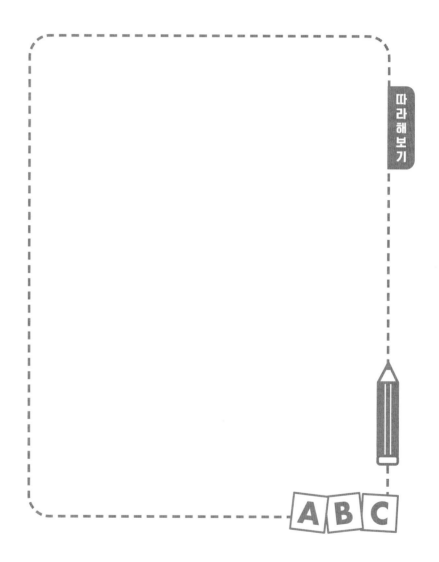

If you could speak English well,
네가 영어를 잘한다면,

If you could speak English well, what would you do?

I would make foreign friends.

That sounds wonderful.

We could go abroad.

Could we do that by ourselves?

Sure. I will study English hard.

5회 반복듣기

네가 영어를 잘 한다면, 무엇을 할래?

전 외국 친구들을 사귈 거에요. (*foreign 외국의)

멋진데 (*wonderful 멋진)

우리는 외국에 갈 수 있어요. (*go abroad 외국에 가다)

우리 힘으로? (*by oneself 스스로)

물론이죠. 제가 영어 공부를 열심히 할게요. (*hard 열심히)

영어 하브루타
강의 듣기

대화문의 내용이나 상황과 관련하여 자유롭게 질문을 떠올려보아요.

질문예시

Which country will they go to?
그들은 어떤 나라를 가게 될까?

자기 생각 말하기 하브루타

정해진 답이 아닌 내 생각을 묻는 말에 서로 대답해봅니다.

If you could speak English well, what would you do?
네가 영어를 잘한다면, 무엇을 할래?

If you could go anywhere in the world, where would you go?
네가 세상 어디든 갈 수 있다면, 어디를 가고 싶니?

What can you do to study English hard?
영어 공부를 열심히 하기 위해 네가 무엇을 할 수 있을까?

창의적으로 표현하기 하브루타

Make a to-do list for 'When I speak English well'.

'내가 영어를 잘할 때' 하고 싶은 것들의 목록을 만들어 보자.

예시

When I speak English well,

1) I will make foreign friends.

2) I will watch an English movie.

3) I will create a Youtube channel in English.

창의적으로 표현하기 하브루타

Make a to-do list for 'When I speak English well'.

'내가 영어를 잘할 때' 하고 싶은 것들의 목록을 만들어 보자.

따라해보기

When I speak English well,

_____

_____

_____

ABC

12

If you become an inventor,
네가 발명가가 된다면,

If you become an inventor, what will you make?

I will make a breakfast machine.

What is the breakfast machine?.

It can make fried eggs and soup.

Why?

I want to help my busy mom.

5회 반복듣기

한글 보고 영어로 말하기

네가 발명가가 된다면, 무엇을 만들 거니? (*inventor 발명가)

전 아침 식사 기계를 만들래요. (*machine 기계)

아침 식사 기계?

그건 달걀부침과 국을 만들어 줄 수 있어요. (*fried eggs 달걀부침)

왜?

전 바쁜 엄마를 돕고 싶어요. (*busy 바쁜)

대화문의 내용이나 상황과 관련하여 자유롭게 질문을 떠올려보아요.

질문예시

Does the machine only make fried eggs and soup?
저 아침 식사 기계는 달걀부침과 국만 만들까?

자기 생각 말하기 하브루타

정해진 답이 아닌 내 생각을 묻는 말에 서로 대답해봅니다.

Who do you want to help as an inventor?
발명가로서 누구를 도와주고 싶니?

If you become an inventor, what will you make? Why?
네가 발명가가 된다면, 무엇을 만들 거니? 이유는?

To make the invention, what will you need to learn?
그 발명품을 만들려면, 무엇을 배워야 할까?

창의적으로 표현하기 하브루타

Make an advertisement to sell your invention.

(*advertisement 광고)

네 발명품을 팔기 위한 광고를 만들어 보자.

*NAME: Breakfast Making Machine

*FOR: Busy Moms and Dads

*MESSAGE:

You can save time in the morning.

Sleep more. Enjoy your delicious meal.

*PRICE: 50,000Won

창의적으로 표현하기 하브루타

Make an advertisement to sell your invention.

(*advertisement 광고)

네 발명품을 팔기 위한 광고를 만들어 보자.

13

If you were an invisible man for one day,
네가 하루 동안 투명인간이라면,

If you were an invisible man for one day,

how could you help people?

I could give money to poor people.

Would you give your money?

I can take money away from bad people.

Who are the bad people?

There are robbers.

5회 반복듣기

한글 보고 영어로 말하기

네가 하루 동안 투명인간이라면, 어떻게 사람들을 도울래?

(*invisible 보이지 않는)

전 불쌍한 사람들에게 돈을 줄래요. (*poor 불쌍한, 가난한)

네 돈을 줄 거야?

나쁜 사람들로부터 돈을 가져올 수 있잖아요.

나쁜 사람들이 누구니?

강도들이 있어요. (*robber 강도)

영어 하브루타
강의 듣기

대화문의 내용이나 상황과 관련하여 자유롭게 질문을 떠올려보아요.

질문예시

Is it good to take money from bad people?
나쁜 사람들에게 돈을 빼앗는 것은 좋은 것일까?

자기 생각 말하기 하브루타

정해진 답이 아닌 내 생각을 묻는 말에 서로 대답해봅니다.

If you were an invisible person for one day,
how could you help people? Why?
네가 하루 동안 투명인간이라면, 어떻게 사람들을 도울래? 이유는?

If you became an invisible person, how would you feel?
네가 투명인간이 된다면, 어떤 느낌일까?

If you could see invisible things, what would you see?
네가 보이지 않는 것을 보게 된다면, 무엇을 보게 될까?

창의적으로 표현하기 하브루타

Imagine and draw your brain, which is not seen.

보이지 않는 너의 뇌를 상상하고 그려보자.

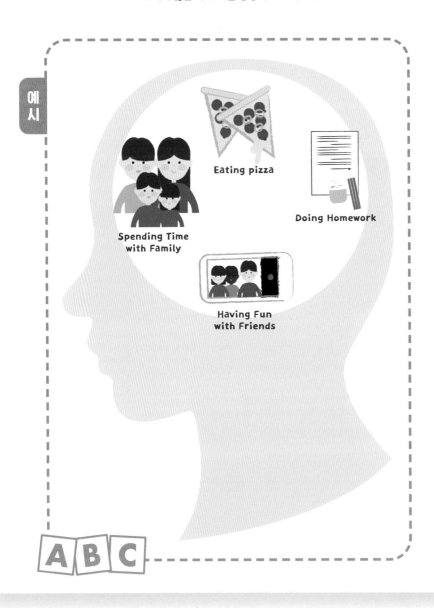

창의적으로 표현하기 하브루타

Imagine and draw your brain, which is not seen.

보이지 않는 너의 뇌를 상상하고 그려보자.

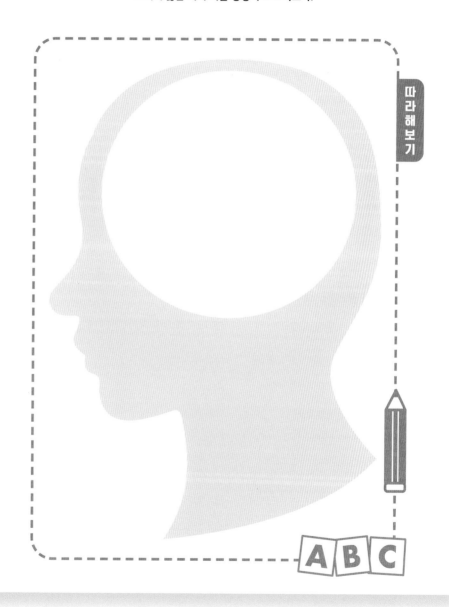

14

Imagine your future house.
미래의 집을 상상해봐.

Imagine your future house.

A house robot will cook for me.

You have a robot.

I also have a studio.

Do you have a studio room?

Yes. I work at home.

5회 반복듣기

한글 보고 영어로 말하기

너의 미래의 집을 상상해봐. (*imagine 상상하다)

집 로봇이 요리할거예요.

넌 로봇이 있구나

전 작업실도 있어요. (*also 또한 studio 작업실, 일하는 공간)

일하는 공간이 있어?

네, 전 집에서 일하거든요.

영어 하브루타
강의 듣기

대화문의 내용이나 상황과 관련하여 자유롭게 질문을 떠올려보아요.

질문예시

What kind of work does the child do at home?
저 어린이는 어떤 종류 일을 집에서 할까?

자기 생각 말하기 하브루타

정해진 답이 아닌 내 생각을 묻는 말에 서로 대답해봅니다.

Do you prefer living in a city or living in a rural area? Why?
너는 도시에서 사는 것이 좋니, 시골에서 사는 것이 좋니? 이유는?

Imagine your future house. What can you see?
미래의 집을 상상해보자, 무엇이 보이니?

Who will live with you in your future house?
네 미래의 집에 누구와 함께 살 것이니?

창의적으로 표현하기 하브루타

Imagine and draw your future room.

네 미래의 방을 상상해서 그려보자.

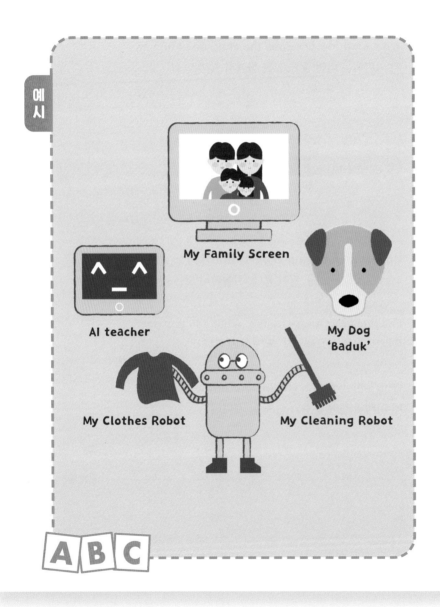

My Family Screen

AI teacher

My Dog 'Baduk'

My Clothes Robot

My Cleaning Robot

창의적으로 표현하기 하브루타

Imagine and draw your future room.

네 미래의 방을 상상해서 그려보자.

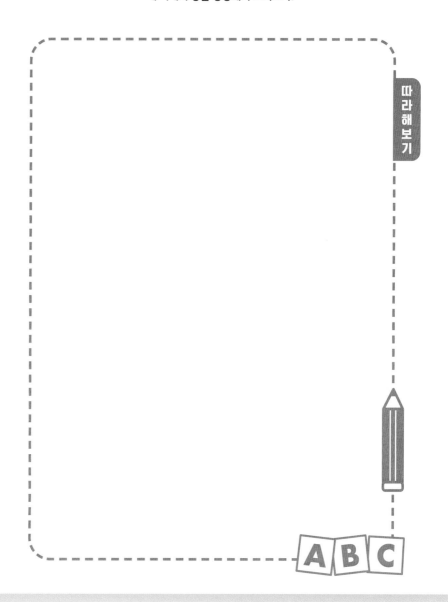

15

Imagine you are on TV.
TV에 나오는 너를 상상해봐.

Imagine you are on TV.

I am a model in a CF.

What kind of model are you?

I am eating chicken.

You are very happy.

Sure. I am full now.

5회 반복듣기

한글 보고 영어로 말하기

TV에 나오는 너를 상상해봐. (*imagine 상상하다)

제가 광고 모델이에요. (*CF: commercial film 광고)

어떤 종류의 모델이야? (*kind 종류, 부류)

전 치킨을 먹고 있어요. (*chicken 치킨)

넌 아주 행복하구나.

물론이죠, 지금 배가 불러요. (*full 배가 부른)

영어 하브루타
강의 듣기

대화문의 내용이나 상황과 관련하여 자유롭게 질문을 떠올려보아요.

질문예시

What are other ways to be on TV?
TV에 나오는 다른 방법들에는 무엇이 있을까?

자기 생각 말하기 하브루타

정해진 답이 아닌 내 생각을 묻는 말에 서로 대답해봅니다.

Would you prefer being on TV or becoming a Youtuber? Why?
너는 TV에 나오는 것이 좋니, 유튜버가 되는 것이 좋니? 이유는?

Imagine you are on TV. What can you see?
TV에 나오는 너를 상상해보자, 무엇이 보이니?

Why did you become famous?
너는 왜 유명해졌니?

창의적으로 표현하기 하브루타

Imagine and draw yourself as the Person of the Year.

올해의 인물이 된 너 자신을 상상해서 그려보자.

창의적으로 표현하기 하브루타

Imagine and draw yourself as the Person of the Year.

올해의 인물이 된 너 자신을 상상해서 그려보자.

따라해보기

16

Why is reading a book good?
책 읽는 것이 왜 좋을까?

Let's go to library.

Why is reading a book good?

It is fun.

What is fun in reading?

Stories are interesting.

Right. You can imagine the stories.

5회 반복듣기

한글 보고 영어로 말하기

도서관에 가요. (*library 도서관)

책 읽는 것이 왜 좋을까?

재미있어요. (*fun 재미있는)

읽는 것이 뭐가 재미있어?

이야기가 흥미로워요. (*interesting 흥미 있는)

맞아. 넌 이야기를 상상할 수 있지. (*imagine 상상하다)

영어 하브루타
강의 듣기

대화문의 내용이나 상황과 관련하여 자유롭게 질문을 떠올려보아요.

질문예시

What kind of story is interesting?
어떤 종류의 이야기가 흥미로울까?

─────────────────────────✏

자기 생각 말하기 하브루타

정해진 답이 아닌 내 생각을 묻는 말에 서로 대답해봅니다.

What is your favorite book? Why?
네가 가장 좋아하는 책이 뭐야? 이유는?

Why is reading a book good?
책 읽는 것이 왜 좋을까?

If you could be a writer, what kind of story would you write?
네가 작가가 될 수 있다면, 어떤 이야기를 쓰고 싶어?

─────────────────────────✏

─────────────────────────✏

창의적으로 표현하기 하브루타

Make a book wish list.

읽고 싶은 책 목록을 만들어 보자.

My Book Wish List

I Like Me!

I want to read this book because the pig is cute.

Father Christmas

I want to read this book because I love Christmas.

Snappy Croc

I want to read this book because I enjoy brushing teeth.

A B C

창의적으로 표현하기 하브루타

Make a book wish list.

읽고 싶은 책 목록을 만들어 보자.

My Book Wish List

17

Is lying always bad?
거짓말은 항상 나쁜 것일까?

Sorry, I lied to you.

Did you?

Your pasta was not yummy.

Is lying always bad?

I wanted to make you happy.

We call that a white lie.

5회 반복듣기

한글보고 영어로 말하기

죄송해요. 제가 엄마에게 거짓말을 했어요. (*lie 거짓말하다)

그랬니?

엄마가 해준 스파게티는 맛있지 않았어요.

(*pasta 파스타, 스파게티 *yummy 맛있는)

거짓말은 항상 나쁜 것일까?

전 엄마를 기쁘게 하고 싶어요.

그걸 선의의 거짓말이라고 한단다.

질문 만들기 하브루타 영어 하브루타
강의 듣기

대화문의 내용이나 상황과 관련하여 자유롭게 질문을 떠올려보아요.

질문예시

Is a white lie good or bad? Why?
선의의 거짓말은 좋은 것일까, 나쁜 것일까. 이유는?

자 기 생 각 말 하 기 하 브 루 타

정해진 답이 아닌 내 생각을 묻는 말에 서로 대답해봅니다.

Have you ever lied?
거짓말을 해본 적이 있니?

Can a white lie be forgiven?
선의의 거짓말은 용서가 될까?

What would happen if every time people lied,
they were punished?
사람들이 거짓말을 할 때, 벌을 받는다.
이렇게 되면 무슨 일이 일어날까?

창의적으로 표현하기 하브루타

Debate topic: 찬반 토론 주제

Is it good or not good to say

'I am okay' to my parents when I am a little sick?

내가 약간 아플 때, '전 괜찮아요'라고 부모님에게 말하는 것이

좋은 것일까? 좋지 않은 것일까?

예시

GOOD

I think it is good because
I don't want to worry my parents.

VS

I think it is not good because
I could become more sick
if I don't tell them.

NOT GOOD

창의적으로 표현하기 하브루타

Debate topic: 찬반 토론 주제

Is it good or not good to say

'I am okay' to my parents when I am a little sick?

내가 약간 아플 때, '전 괜찮아요'라고 부모님에게 말하는 것이

좋은 것일까? 좋지 않은 것일까?

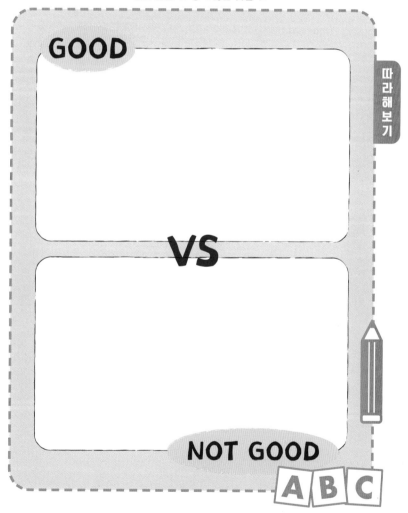

18

Are friends always right?
친구들은 항상 옳은 것일까?

> 🧒 I heard Boram is a bad girl.
>
> 👦 Who said that?
>
> 🧒 Many friends told me.
>
> 👦 What do you think?
>
> 🧒 I like Boram. She is kind.
>
> 👦 Umm. Are friends always right?

5회 반복듣기

한글 보고 영어로 말하기

> 🧒 보람이가 나쁜 여자아이라고 들었어요.
>
> 👦 그걸 누가 말했니?
>
> 🧒 많은 친구가 저에게 말했어요
>
> 👦 너는 어떻게 생각하니?
>
> 🧒 전 보람이가 좋아요. 보람이는 친절해요. (*kind 친절한)
>
> 👦 음, 친구들은 항상 옳은 것일까? (*right 옳은)

영어 하브루타
강의 듣기

대화문의 내용이나 상황과 관련하여 자유롭게 질문을 떠올려보아요.

질문예시

Why did the friends say Boram is bad?
왜 그 친구들은 보람이가 나쁘다고 이야기했을까?

자기 생각 말하기 하브루타

정해진 답이 아닌 내 생각을 묻는 말에 서로 대답해봅니다.

Do you follow others' opinions or do you act as you think?
Why?
너는 다른 사람들의 생각을 따르는 편이니?
아니면 네가 생각하는 대로 행동하는 편이니? 이유는?

If two of your friends argued, what would you do?
만일 네 친구 두 명이 싸운다면, 너는 어떻게 할 거니?

How could you find the truth if you were the child?
네가 대화 속 어린이라면 어떻게 진실을 찾아낼 수 있을까?

창의적으로 표현하기 하브루타

How can your friends stop fighting?

어떻게 친구들은 싸움을 멈출 수 있을까?

예시

1.

My friends can send sorry messages.

2.

My friends can speak more kindly.

A B C

창의적으로 표현하기 **하브루타**

How can your friends stop fighting?

어떻게 친구들은 싸움을 멈출 수 있을까?

19

How can we smartly use a smartphone?
스마트폰을 어떻게 똑똑하게 쓸 수 있을까?

Why do you need a smartphone?

I can chat with friends.

What else?

Mobile games are so fun.

How can we smartly use a smartphone?

I know. We should limit the time.

5회 반복듣기

한글 보고 영어로 말하기

넌 스마트폰이 왜 필요하니? (*smartphone 스마트폰)

친구들이랑 이야기할 수 있어요. (*chat with ~와 이야기하다)

다른 무엇이 있을까? (*else 그밖에)

핸드폰 게임은 너무 재밌어요. (*mobile game 핸드폰 게임)

스마트폰을 어떻게 똑똑하게 쓸 수 있을까? (*smartly 똑똑하게)

저 알아요. 시간을 정해서 사용해야 해요. (*limit 제한하다)

대화문의 내용이나 상황과 관련하여 자유롭게 질문을 떠올려보아요.

질문예시

How long is the right amount of time to use a smartphone?
스마트폰을 사용하기에 적당한 시간은 어느 정도일까?

자기 생각 말하기 하브루타

정해진 답이 아닌 내 생각을 묻는 말에 서로 대답해봅니다.

What are advantages of using a smartphone?
스마트폰 사용의 좋은 점은 무엇일까?

What are disadvantages of using a smartphone?
스마트폰 사용의 안 좋은 점은 무엇일까?

How can we smartly use a smartphone?
스마트폰을 어떻게 똑똑하게 쓸 수 있을까?

창의적으로 표현하기 하브루타

Make a campaign poster to say 'Let's Smartly Use a Smartphone.'
'스마트폰 똑똑하게 사용하기 캠페인' 안내장을 만들어 보자.

예시

Smartly Use a Smartphone

① We use a smartphone for one hour a day.

② We do not use a smartphone while walking outside.

③ We can make good videos.

창의적으로 표현하기 하브루타

Make a campaign poster to say 'Let's Smartly Use a Smartphone.'

'스마트폰 똑똑하게 사용하기 캠페인' 안내장을 만들어 보자.

Smartly Use a Smartphone

20

Why should we study?
우리는 왜 공부해야 할까?

Why do we go to school?

Because, we should learn.

Why should we learn?

That's a good question. What do you think?

Learning makes me smart.

Why do you want to be smart?

5회 반복듣기

한글 보고 영어로 말하기

우리는 왜 학교에 가야 하는 걸까요?

왜냐하면, 우리는 배워야 하기 때문이야. (*should 해야 한다)

우리는 왜 배워야 해요? (*learn 배우다)

정말 좋은 질문이다. 넌 어떻게 생각하니?

전 배우면서 똑똑해질 수 있어요. (*make ~하게 만든다)

왜 똑똑해졌으면 좋겠어?

영어 하브루타
강의 듣기

대화문의 내용이나 상황과 관련하여 자유롭게 질문을 떠올려보아요.

질문예시

What is the meaning of smart?
Does being smart only mean studying?
똑똑하다는 뜻이 무엇일까?
똑똑하다는 것이 공부하는 것만을 의미할까?

자기 생각 말하기 하브루타

정해진 답이 아닌 내 생각을 묻는 말에 서로 대답해봅니다.

What would happen if you did not learn?
네가 배우지 않는다면 무슨 일이 일어날까?

If you didn't go to school for a month, what would you learn?
네가 만일 한 달 동안 학교에 가지 않는다면, 무엇을 배우고 싶어?

What do you want to teach if possible?
가능하다면 무엇을 가르쳐보고 싶니?

창의적으로 표현하기 하브루타

Make a wish list for learning.

배우고 싶은 것들의 목록을 적어보자.

My Wish List for Learning

Coding

I want to learn coding
because I love computers.

Ballet

I want to learn ballet
because dancers look beautiful.

Video Editing

I want to learn video editing
because I want to make a
good video.

A B C

창의적으로 표현하기 하브루타

Make a wish list for learning.

배우고 싶은 것들의 목록을 적어보자.

My Wish List for Learning

따라해보기

Part 3
창의적으로 표현하기
하브루타 번역문

01

**We can make 'Samgyetang' (Korean Chicken Soup)
because it is healthy.**

우리는 '삼계탕'이 건강하기 때문에 만들 수 있어요.

02

**I want to plan a carriage trip.
My grandparents have tired legs.**

저는 마차 여행을 계획하고 싶어요.
우리 할아버지와 할머니는 다리가 불편하시거든요.
*carriage trip 마차여행

03

A shy friend can join my birthday party.

수줍은 친구는 나의 생일파티에 함께 할 수 있어요.

*invitation 초대

04

Please subscribe to my Youtube channel: CUTEHA TV!

1. I am helpful; I will always help you.

2. I am friendly; I say 'Hi' to you first

3. I have a Youtube channel: CUTEHA TV.

제 유튜브 채널을 구독해 주세요: 큐트하 TV!

1. 전 도움을 주는 사람이에요. 항상 도와드릴게요.

2. 전 다정해요. 먼저 '안녕'이라고 인사해요.

3. 전 유튜브 채널 '큐트하 TV'를 가지고 있어요.

05

Dear Mom,

Thank you for helping me with my homework

because it is hard sometimes.

I am happy to be your son.

I love you.

Your son, Pong

사랑하는 엄마에게

숙제를 도와주셔서 감사해요. 숙제가 때론 어렵거든요.

엄마의 아들이라 행복해요.

사랑해요.

엄마의 아들, 퐁

06

20th November, 2020

I went to my grandparents' house.

My grandmother made dumplings for me.

They were yummy. It was a happy day.

2020년 11월 20일

할아버지, 할머니 댁에 갔다.

할머니께서 날 위해 만두를 만들어주셨다.

만두는 정말 맛있었다. 행복한 날이었다.

07

I am thankful.

I have my family and friends.

I am thankful.

I can eat, walk and sleep.

I am thankful.

I am smart, happy and thankful.

I am thankful.

I thank me for being myself.

난 감사해.

난 가족과 친구들이 있잖아.

난 감사해.

난 먹고, 걷고, 잘 수 있잖아.

난 감사해.

난 똑똑하고, 행복하고, 감사가 넘치지.

난 감사해.

난 내가 나여서 감사해.

08

Yes, I can eat vegetables.

Yes, I can do my homework.

Yes, I can swim.

Yes, I can speak English.

Yes, I can make friends.

Yes, I can listen to my teacher.

Yes, I can read books.

Yes, I can. Yes, I can. Yes, I can.

그럼 난 채소를 먹을 수 있지.

그럼 난 숙제할 수 있지.

그럼 난 수영을 하지.

그럼 난 영어로 말할 수 있지.

그럼 난 친구들을 사귈 수 있지.

그럼 난 선생님 말씀을 잘 들을 수 있지.

그럼 난 책을 읽을 수 있지.

그럼 난 할 수 있지. 그럼 난 할 수 있어. 그럼 난 할 수 있다.

09

When my parents are sad, I can dance.

They like my singing and dancing.

We can sing and dance together.

부모님이 슬플 때, 나는 춤을 출 수 있어.

부모님은 내가 노래하는 것과 춤추는 것을 좋아하시지.

우리는 함께 노래하고 춤을 출 수 있어.

10

Crossed fingers mean love.

When I love, I am happy.

When I am happy, I cross my fingers.

손가락을 겹치는 것은 사랑을 뜻해.

내가 사랑할 때, 난 행복하지.

내가 행복할 때, 난 손가락을 겹쳐보아.

11

When I speak English well,

1) I will make foreign friends.

2) I will watch an English movie.

3) I will create a Youtube channel in English.

내가 영어를 잘하게 될 때

1) 난 외국인 친구들을 사귈 거야.

2) 난 영어로 된 영화를 볼 거야.

3) 난 영어로 유튜브 채널을 만들 거야.

12

*NAME: Breakfast Making Machine

*FOR: Busy Moms and Dads

*MESSAGE:

You can save time in the morning.

Sleep more. Enjoy your delicious meal.

*PRICE: 50,000 Won

발명품 이름: 아침 식사 만드는 기계

누구를 위해? 바쁜 부모님들을 위해

하고 싶은 말:

당신은 아침에 시간을 절약할 수 있어요.

잠을 더 자요. 맛있는 식사를 즐기세요.

*가격: 5만 원

13

Eating pizza 피자 먹기

Doing Homework 숙제하기

Spending Time with Family 가족과 함께하기

Having Fun with Friends 친구들과 놀기

14

My Family Screen 우리 가족 화면

My Dog 'Baduk' 내 강아지 '바둑이'

AI teacher 인공지능 선생님

My Clothes Robot 내 옷을 관리하는 로봇

My Cleaning Robot 청소하는 로봇

15

Bora Han

Changed the World with Science.

Bora Han is the inventor of flying cars.

한보라

과학으로 세상을 바꿨다.

한보라는 날아가는 차의 발명가입니다.

16

My Book Wish List

1. I Like Me!

I want to read this book because the pig is cute.

2. Father Christmas

I want to read this book because I love Christmas.

3. Snappy Croc

I want to read this book because I enjoy brushing teeth.

읽고 싶은 책 목록

1. I like me!

책 속 돼지가 너무 귀여워서 이 책을 읽어보고 싶다.

2. Farther Christmas

난 크리스마스를 좋아하니까 이 책을 읽어보고 싶다.

3. Snappy Croc

난 양치질을 좋아하니까 이 책을 읽어보고 싶다.

17

GOOD

I think it is good because I don't want to worry my
parents.

NOT GOOD

I think it is not good because I could become more sick if
I don't tell them.

'전 괜찮아요'라고 말하는 것이 좋다.
왜냐하면 난 부모님에게 걱정을 끼쳐드리고 싶지 않기 때문이다.

'난 괜찮다'라고 말하는 것이 좋지 않다.
왜냐하면 만약 내가 아프다고 말하지 않으면,
내가 더 아플 수도 있기 때문이다.

18

1. My friends can send sorry messages.

2. My friends can speak more kindly.

1. 내 친구들은 사과 문자를 보낼 수 있다.
2. 내 친구들은 더 친절하게 말할 수 있다.

19

Smartly Use a Smartphone

1. We use a smartphone for one hour a day.

2. We do not use a smartphone while walking outside.

3. We can make good videos.

똑똑하게 스마트폰 사용하기

1. 스마트폰은 하루에 한 시간 사용한다.

2. 밖에서 걸으면서 스마트폰을 사용하지 않는다.

3. 우리는 좋은 영상을 만들 수 있다.

20

My Wish List for Learning

1. Coding

I want to learn coding because I love computers.

2. Ballet

I want to learn ballet

because dancers look beautiful.

3. Video Editing

I want to learn video editing because I want to make a good video.

내가 배우고 싶은 것들

1. 코딩

난 코딩을 배워보고 싶다.

왜냐하면 난 컴퓨터를 사랑하기 때문이다.

2. 발레

난 발레를 배워보고 싶다.

왜냐하면 춤을 추는 사람들은 아름답기 때문이다.

3. 영상편집

난 영상편집을 배워보고 싶다.

왜냐하면 난 멋진 비디오를 만들고 싶기 때문이다.

생각하는 힘을 키우는
영어 공부 환경을 만들어주세요

아이의 미래에 있어 정말 중요한 교육은 무엇일까. 우리 아이가 자라서 자신이 원하는 멋진 모습으로 인생을 살아갈 힘을 길러주는 것이 아닐까 생각해본다. 그렇다면 이러한 힘을 기르기 위해 지금 어떻게 공부해야 할까?

요즘 미래를 대비하여 아이들은 코딩학원의 문을 많이 두드린다. 물론 이러한 기능적인 부분들을 학습하는 것도 중요하다. 하지만 코딩 기술도 영어와 마찬가지로 내 아이디어와 생각을 실현하는 도구다. 그래서 우리는 이유(Why)를 고민하고 무엇을 할 것인지 생각하고(What) 그 후에 그것을 어떻게 할지(How)를 생각해야 한다. 아무리 아이를 사랑하는 부모님이라 해도 자식을 대변하여 일일이 모든 생각을 대신하고 매 순간 방향을 제시해줄 수는 없다.

그러므로 교육의 본질은 아이가 스스로 자신에게 또 세상에 묻고 답하며 인생을 개척해나갈 힘을 길러주는 것이다. 널리 알려진 부모 교육에 대한 비유처럼, 물고기가 아닌 물고기 잡는 방법을 알려주어야 한다. 자기 생각을 스스로 꺼내어 볼 힘을 길러주는 것이 가장 큰 선물이다. 이를 영어 공부에 적용한 것이 바로 영어 하브루타다. 영어를 공부하는 과정에서 언어의 습득을 넘어 다양한 각도로 생각해보는 습관과 힘을 길러주는 것이다.

우리 교육 환경이 여전히 크게 바뀌지 않은 것 같아 마음이 아플 때가 많다. 학군전문가로 널리 알려진 심정섭 씨는 저서 《심정섭의 역사 하브루타》의 첫 페이지에서 고백한다. 대치동에서 20년 넘게 아이들을 가르쳤지만, 그렇게 열심히 공부했던 아이들의 상당수가 비정규직과 아르바이트를 전전하면서 살아가는 것을 보게 되었다는 것이다. 그리고 그나마 사정이 낫다는 대기업 직원들도 언제 해고될지 모르는 불안함을 안고 살아간다. 탄탄대로를 걸을 것만 같았던 전문직 자격증을 가진 친구들도 회의적인 시각을 갖는 경우가 많다.

어렸을 때부터 같은 동네에서 친하게 지냈던 친구 두 명이 있다. 한 명은 공부를 잘해서 서울에 있는 명문대학교에 입학했다. 졸업 후 몇 년간 세무사 자격 준비를 하다가 잘 안 되자 다시 공무원 준비를 했다. 서른네 살인 친구는 아직 공시생이다. 잠깐 회사에 다닌 적이 있었는데, 너무 영세하고 대우도 좋지 않다며 몇 달도 채우지 못하고 나왔다. 뚜렷하게 하고 싶은 일은 아니지만 그나마 편안한 직장인 공무원이 낫겠다는 것이다. 그러면서도 공무원이면 적은 월급으로 평생 살아야 하는 것 아니냐며 세상이 왜 이렇게 힘드냐고 푸념하는 모습이 안타까웠다.

반면 다른 친구는 학창시절 썩 공부를 잘 하는 편은 아니었다. 하지만 다른 사람을 위해 봉사하고 도와주는 것에 관심이 많아 복지학과에 갔다. 성실한 편이었지만 성적이 잘 나오지 않아 전문대학에 진학했다. 작업치료사에 관한 공부를 했다. 재미있다고 느꼈지만, 막상 실습을 나가 보니 자신의 체구가 매우 작아서 힘들었기에 아동치료를 하겠다고 생각하여 공부를 이어갔다.

낮에는 작업치료실에서 일하고, 밤에는 야간대학교에서 석사과정을 밟았다. 한동안 소식이 끊겼다가 얼마 전 다시 연락이 닿았다. 결혼하고 아이를 셋이나 낳았다는 기쁜 소식을 들었다. 그리고는 자신이 사는 동네에 아동치료센터를 열었다는 것이다. 운이 좋게 전 사장님의 사업장을 인수하게 되었다고 했다. 한 명도 키우기 힘들다는 아이를 세 명이나 낳고 창업을 시작하다니 대단하게만 느껴졌다. 친구는 자신이 공부머리가 없어 성적은 좋지 않았지만, 대신 자기가 하고 싶은 일에 대해 고민을 더 많이 해왔다고 했다. 본인의 성향에 맞게 전공을 택했고, 그중에서도 더 공부하고 싶은 분야를 택하고 거기에 맞게 경력을 쌓아온 것이다. 또한 아이를 낳고도 어떻게 일을 이어갈 수 있을까 생각하던 중에 센터를 열게 되었다는 것이다.

지금 당장 수익이 많이 나지는 않지만, 예약제로 운영하고 있어 자신의 시간과 상황에 맞게 유동적으로 일하고 있다고 했다. 경력단절 없이 나의 일을 할 수 있는 것만으로도 행운이라고 했다. 막상 사장님이 되고 나니 세금이나 법 그리고 영업과 마케팅 홍보까지 해야 할 공부가 산더미라고 했다. 더 좋고 차별화된 프로그램을 위해 미술치료도 배우고 있는데 오히려 자신이 힐링이 되는 것 같다며 웃었다.

물론 아직 30대의 젊은 나이고 앞으로 일어날 상황과 변화는 모르는 것이다. 하지만 이 두 명의 친구들을 보면서 우리의 삶에서 그리고 아이들의 교육에서 정말 중요한 것이 무엇일까 더 깊이 고민하고 생각하게 되었다. 한 가지 확실한 것은 정답을 잘 고르는 입시 공부보다 나와 나를 둘러싼 세상에 질문을 던지고 그때마다 방향을 잘 찾아갈 힘이 중요하다는 것을 깨닫게 되었다. 그리고 이를 어떻게 내가 하는 영어교육에 적용할 수 있을까 고민해왔다. 그 고민의 결과물이 바로 영어 하브루타다.

영어 공부를 하며 아주 간단하게라도 자신이 스스로 생각하는 기회를 주어야 한다. 그리고 자세히 관찰하거나 읽고 질문하는 습관 그리고 중요한 것을 요약하는 능력을 훈련해가는 것이 좋다. 다양한 관점에서 바라보는 것 그리고 전에 생각하지 못한 나만의 해결책을 만들어 보는 것과 같은 연습을 하도록 해주는 것이 중요하다. 생각하는 힘을 통해 인생을 더 지혜롭게 살아가는 법을 터득해갈 수 있도록 하는 것이다.

변화하는 입시제도는 눈으로 보이는 현상이고 생각하는 힘은 보이지 않는 본질이다. 뿌리 깊은 나무는 잦은 바람에 잘 흔들리지 않는다. 생각하는 힘이 깊은 아이는 입시제도의 변화에도 자신만의 길을 충분히 찾아 나갈 수 있다. 입시제도를 잘 숙지하여 아이에게 가장 유리한 전형을 찾아주는 것도 하나의 전략이다. 하지만 더 멀리 보는 부모라면 입시보다 더 중요한 진로와 인생을 생각한다. 내가 살아온 세월에서 20년 전을 돌이켜보자. 그동안 우리 세상의 많은 것들이 얼마만큼 변화했는가. 앞으로 우리 아이들이 살아갈 20년 후를 생각해보자. 엄청나게 빠른 속도로 새로운 기술과 제품들이 생성될 것이며, 현재 우리가 생각지도 못한 다양한 직업들이 생겨날 것이다.

이런 변화의 흐름에서 우리 아이에게 정말로 필요한 역량이 무엇일까. 생각하는 힘이라는 거대한 말 앞에 우리는 잠시 작아질 수도 있다. 당장 무언가 거창하고 특별한 교육을 해주어야만 할 것 같기 때문이다. 큰일을 포기하지 않는 최고의 방법은 작게 쪼개는 것이다. 그리고 가볍고 짧게 시작해보는 것이다. 생각하는 힘을 길러주는 '하루 10분 하브루타 엄마표 영어'라는 작은 도전을 시작해보길 바란다.

바른 교육 시리즈 13

질문과 대화로 생각하는 힘을 길러주는 창의적인 영어 교육법

하루 10분 하브루타 엄마표 영어

초판 1쇄 인쇄 2021년 3월 10일
초판 1쇄 발행 2021년 3월 17일

지은이 장소미
펴낸이 장선희

펴낸곳 서사원
출판등록 제2018-000296호
주소 서울시 마포구 월드컵북로400 문화콘텐츠센터 5층 22호
전화 02-898-8778
팩스 02-6008-1673
전자우편 seosawon@naver.com
블로그 blog.naver.com/seosawon
페이스북 www.facebook.com/seosawon
인스타그램 www.instagram.com/seosawon

총괄 이영철 **편집** 이소정, 정시아 **마케팅** 권태환, 강주영, 이정태 **디자인** 최아영

ⓒ장소미, 2021

ISBN 979-11-90179-67-6 03590